大学物理实验

（第二版）

谢银月　周敏雄　姜　萌·编著

復旦大學出版社

前　言

本书根据应用技术型本科院校大学物理实验教学的特点，由上海健康医学院根据物理实验课程教学的实际需要，结合作者多年物理实验教学经验编写而成. 基本实验技能的训练是在整个实践教学环节的基础阶段. 通过物理实验，学生初步掌握应用型人才必备的基本动手能力、基本操作技能和基本实验方法.

本书结合党的二十大精神，按照"实施人才强国战略"的要求，融合专业特点进行编写. 本书在编写时注意了以下几个方面：

(1) 在实验内容的安排上，简化实验项目，注重"医工结合"，着重采用应用型的实验内容.

(2) 在实验原理的叙述上，着重阐述概念与结论，有些内容不作严密推导与论证.

(3) 在实验操作步骤的讲述上，力求做到详尽细致，以方便学生课前预习及具体操作.

(4) 在每一章、每一实验后，以"自学提纲"的形式引导学生有效预习，启发学生作探究性思考，培养学生仔细阅读、认真推敲的学习习惯.

(5) 书后附有"大学物理实验报告示例"，供学生参考学习. 另附有可以剪下的"大学物理实验预习报告""毫米坐标纸"，给学生和教师使用教材、安排实验教学活动提供方便.

本书第1章、第2章、第3章(3.1，3.2，3.3，3.5，3.6，3.8，3.9节)、第4章以及附录由谢银月、周敏雄、姜萌编写. 第3章中的3.4，3.7节由林伟民编写，3.10节由杨定国编写. 第5章由王矛宏编写.

由于编者水平有限，书中或许存在不妥之处，敬请使用本书的教师和学生批评指正. 本书在编写过程中得到了编者同事们的很多帮助，在此一并表示衷心的感谢.

编　者

2023年6月

前言

目　　录

绪 论

0.1 明确要求，端正态度，改进学习方法

应用型高校的大学物理实验不同于中学阶段的物理实验，它是培养高技能应用型人才的一系列实践教育的先导. 通过大学物理实验课程，学生应达到以下目标：

(1) 具备基本动手能力和独立操作能力.

(2) 学习运用实验原理和方法去研究某些物理现象并进行具体测试.

(3) 进行实验技能的基本训练，学会常用物理仪器的调整及使用.

(4) 初步具备处理数据、分析结果、撰写实验报告的能力.

(5) 培养严肃认真、一丝不苟、实事求是的科学态度和克服困难、坚韧不拔的“三严”工作作风(即操作认真严格，态度踏实严谨，思维活跃严密).

要学好大学物理实验，不仅要花力气，下功夫，还应当特别注意改进自己的学习方法. 从一开始就应注意打下良好的基础，有一个好的开端. 在学习过程中，学生必须主动、自觉、创造性地获得知识和技能，绝不仅仅是通过实验获取几个数据，而是要通过实验去探索研究问题. 因此，在实验前，要明确“做什么，怎样做，为什么要这样做”；在实验过程中，要做到任何一次测试都非常认真，并对测试结果完全负责，同时，要正确地、有条理地记录实验数据；完成实验后，应对整个实验进行总结，并以适当的方式，写成书面的实验报告.

0.2 遵守制度，认真完成实验课的各个环节

学生在上实验课时应遵守“学生实验守则”和“学生物理实验操作规程”. 大学物理实验通常分以下三个阶段进行.

1. 实验前的预习

预习是上好实验课的基础和前提，没有预习，不可能很好地完成一堂实验课. 实验前，必须仔细阅读实验教材，了解实验目的、原理，了解实验要求及注意事项，尤其要认真阅读教材中的仪器介绍和操作步骤，明确进实验室要测量什么数据，用什么方法测量，使用什么仪器，测量几次等. 在此基础上，简要填写预习报告(附录D). 此外，根据实验内容，准备好实验中所需要的学习用具(如计算器等).

上课时，教师将检查学生的预习情况，对于没有预习或未完成预习报告的学生，教师有权停止其本次实验.

2. 实验中的操作

实验操作是实验的主要内容，是培养学生科学素质和实验能力的主要环节. 进入实验室后，学生必须遵守实验室规则，对于严重违反实验室规则者，教师将停止其实验，并作出相关处理.

实验时，首先应了解所有将要使用到的仪器及装置的主要功能、量程、精度等级、操作方法和注意事项. 其次要全面地想一想实验的操作程序，怎样安排更为合理，不要急于动手. 连接电路或调整光路时，必须认真检查，经确认准确无误后，才能开始实验. 起初可作试验性探索操作，粗略地观察一下实验过程和数据状况，若无异常，方可正式进行实验. 如有异常现象，应立即切断电源，认真思考，分析原因，并向教师反映，待异常情况排除后，再开始进行实验.

使用仪器进行测量时，必须满足仪器的正常工作条件(如万用表调零、温度控制仪校准等). 不重视

仪器的调整而急于进行测量，是初学者易犯的毛病，应予纠正.

实验测量应遵循“先定性、后定量”的原则，即先定性地观察实验全过程，对所测内容做到心中有数.在可能的情况下，对数据的数量级和走向作出估计. 测量时，应集中精力，细心操作，仔细观察，并积极发挥主观能动性，以获得可能达到的最佳结果.

原始数据是宝贵的第一手资料，是以后计算和分析问题的依据. 实验时，必须如实地、及时地记录数据和现象，其中包括主要仪器的名称、型号、精度等级等. 记录数据必须注意有效数字和单位，用钢笔或圆珠笔将数据记录在数据表格中，不要使用铅笔. 如记录的数据有错误，可用一斜线划掉后，把正确数据写在其旁边，但不允许涂改数据. 实验数据是否合理，应首先自查，然后把所有的数据抄在规定的表格内，交给教师审阅，经教师批改签字后，方可认定实验完毕. 离开实验室前，应自觉整理、复原仪器，并做好清洁工作.

还须指出，千万不要认为做实验只是为了得到一个标准的实验结果. 如获得的实验数据与标准数据符合了，就高兴；一旦有所差别，就大失所望，抱怨仪器或装置不好，甚至拼凑数据. 这些表现都是不正确的，是违背科学的. 实验结果与理论公式、结论之间发生偏差是完全可能的，问题是差异有多大？是否合理？是否操作有误？是否读数有误？是否仪器与装置本身有问题？不论实验结果如何，都应养成认真分析的习惯和实事求是的态度，而不应贸然下结论. 如果仪器和装置出现了小故障和小毛病，应力求自己动手排除，起码也应留意教师是怎么动手解决的. 能否发现仪器装置的故障，并及时迅速修复，这也是一个人实验能力强弱的重要表现，初学者应要求自己逐步提高这方面的能力.

3. 实验后的报告

书写实验报告的目的是培养学生以书面形式总结工作成绩和报告科研成果的能力. 实验报告要求文字通顺、字迹端正、数据完整、图表规范、结果正确.

一份完整的实验报告应包括实验名称、实验目的、实验原理、实验器材、数据记录与处理、讨论等内容. 对于实验原理，应在理解的基础上用简明扼要的语言来阐述. 主要实验器材要填写型号. 原始测量数据一般要求以列表的形式出现，数据处理要写出主要计算过程、画出图表、列出最后结果及误差. 对实验过程和结果的讨论要具体深入，有分析，有见解，不要泛泛而谈，其内容一般不受限制，可以对观察到的实验现象进行分析，对结论和误差原因进行分析，也可以对实验方案提出改进意见. 大学物理实验报告示例见附录 A.

必须指出，实事求是的科学态度和严肃认真的工作作风是科技工作者应具备的品德，在实验的各个环节，应始终认真踏实，严禁一切弄虚作假行为.

0.3 重视自学能力的培养

综上所述，物理实验课强调以学生为中心，注重提高学生的实际动手能力. 在具体的学习过程中，应重视自学能力的培养.

大学阶段的学习不应该只限于知识的被动获取，学生更应该努力学会如何主动地获取知识，学习不能只限于人生的某一个时期，不会主动寻求新知识的人将无法适应社会发展的需要. 我们应树立“终身学习”的理念，只有这样，才能把自己培养成为具有丰富知识、具有创新精神和实践能力的人才. 因此，自学能力的培养在大学阶段的学习过程中显得尤为重要.

事实上，在物理实验的三个阶段中，无论是实验前的预习，或是实验中的操作，还是实验后的报告，都是以学生自学为主而进行的. 教师的任务是为学生自学创造更多的条件. 在本教材的每一章、每一实验后，我们将以“自学提纲”的形式，引导学生有效地预习，启发学生作探究性思考，使学生逐渐养成仔细阅读、认真推敲的学习习惯，逐渐学会如何提出问题、如何分析问题、如何在实际操作中解决问题，进而逐渐掌握如何通过自学获取知识. 在课堂实验操作阶段，为了能让学生有更多的时间独立操作、独立思考、独立探索、独立完成整个实验，教师将用最少的时间讲解实验重点，而把主要的精力集中在解答学生提问、启发学生思考、排除实验故障、评价学生实验操作成绩等方面. 我们试图用这样的方式促使学生以自学为主,主动积极地完成物理实验的学习.

请记住,教育的目的不是培养一个塞满东西的脑袋,而是培养善于分析、善于探索、善于创新的头脑.我们不仅要有知识,更重要的是要将知识转化为能力.我们相信,经过认真、刻苦、勤奋的学习,大家一定能获得成功.让我们共同努力,共同进步吧!

第1章

误差、不确定度和数据处理

一切物理量的测量都不可能是完全准确的，这是因为在科学技术发展的过程中，人们的认识能力和测量仪器的制造精度都受到相应的限制. 测量误差的存在是一种不以人们意志为转移的客观事实. 因此，实验除了要测得应有的数据外，还需要对测量结果的可靠性作出评价. 本章将介绍误差、不确定度和数据处理的基础知识.

1.1 测量与误差

1.1.1 测量

在物理实验中，不仅要定性地观察物理现象，而且要定量地测量物理量的大小. 测量是进行科学实验必不可少的极其重要的一环. 在测量工作中，要充分熟练地掌握一些最基本的技能，如长度怎么“量”？仪表怎么“用”？望远镜、显微镜怎么“看”？量值怎么“读”？数据怎么“记”？电路怎么“连”……这些都是最基本的技能，是科学技术工作的基本功，必须引起足够重视.

一个测量数据是由数值和单位两部分组成的. 测量数据只有被赋予了单位，才能有具体的物理意义. 因此，测量所得的数据应包括数值和单位，两者缺一不可.

从测量的方法来说，测量可分为直接测量与间接测量两种. 直接测量就是直接用仪器测出待测量的大小. 例如，用直尺测量人的身高，用磅秤测量人的体重，用停表测量人的心率等. 很多待测量不能或不便直接用仪器测出，而要根据可直接测量的数据，通过一定的函数关系计算出来，这种测量称为间接测量. 例如，钢丝横截面积是通过钢丝直径的测量而得到的，活人体内肝脏的大小是利用超声诊断仪进行间接测量的.

1.1.2 误差

从测量的要求来说，人们总希望测量的结果能很好地符合客观实际. 但在实际测量过程中，由于测量仪器、测量方法、测量条件和测量人员的水平以及种种因素的局限，不可能使测量结果与客观存在的真值完全相同，我们所测得的只能是某物理量的近似值. 也就是说，任何一种测量结果的测量值与真值之间总会或多或少地存在一定的差值，我们把测量值与真值之间的偏离称为测量误差，也称为绝对误差，简称“误差”，即

$$误差(\Delta x)=测量值(x)-真值(A).$$

绝对误差与真值之比：$E=\frac{\Delta x}{A}\times 100\%$，称为相对误差.

误差自始至终存在于一切科学实验的过程之中，虽然随着科学技术的日益发展和人们认识水平的不断提高，误差可能被控制得越来越小，但始终不可能完全消除.

误差的产生有多方面的原因，从误差的性质和来源来说，误差可分为系统误差和随机误差两种.

1. 系统误差

系统误差的特点：在同样条件下，对同一量进行多次测量时，误差的大小和正负总保持不变，或按一

定的规律变化.

系统误差主要来自以下几个方面：

(1) 仪器的固有缺陷. 例如，刻度不准；零点没有调准；仪器水平或铅直没有调整等.

(2) 实验方法不完善或这种方法所依据的理论本身具有近似性. 例如，称重量时没有考虑空气浮力；用伏安法测电阻时没有考虑电表内阻的影响等.

(3) 实验环境的影响或没有按规定的条件使用仪器. 例如，标准电池是以 20℃时的电动势数值作为标称值的，若在 30℃条件下使用时，不加以修正，就引入了系统误差.

(4) 实验者生理或心理特点，或缺乏经验引入的误差. 例如，有人对准目标时总是偏左或偏右，有人按秒表时总是滞后等.

系统误差有些是定值的，如游标卡尺的零点不准；有些是积累性的，如用受热膨胀的钢卷尺进行测量时，其测量值就小于真值，误差随测量长度成正比例地增加；还有些是周期性变化的，如秒表指针没有准确地安装在刻度盘中心，造成偏心差，其读数的误差就是一种周期性的系统误差. 显然，系统误差与测量次数无关，亦不能用增加测量次数的方法使其消除或减小.

系统误差是测量误差的重要组成部分，发现、消除、减少或修正系统误差，对一切测量工作都是非常重要的. 因此，对于实验初学者来说，应该从一开始就逐步地积累这方面的感性知识. 在实验时要分析：采用这种实验方法(理论)、使用这套仪器、运用这种操作技术会不会对测量结果引入系统误差?

2. 随机误差

随机误差的特点：当我们在竭力消除或减少一切明显的系统误差之后，在相同的条件下，对同一量进行多次重复测量时，每次测量的误差时大时小，时正时负，既不可预测，又无法控制. 随机误差也称偶然误差.

随机误差的产生，取决于测量过程中一系列随机因素的影响，其来源主要有：环境的因素，如温度、湿度、气压的微小变化等；观察者的因素，如瞄准、读数的不稳定等；测量仪器的因素，如测量器具不稳定、指针向左或向右偏转等.

随机误差的存在使得测量值时而偏大，时而偏小，看来似乎没有什么规律，但实际上，当多次重复测量时，随机误差总是服从一定的统计规律. 我们可以利用这种规律对实验结果的随机误差作出分析.

综上所述，系统误差与随机误差的性质不同，来源不同，处理方法也不同. 影响测量结果的主要因素有的是系统误差，有的是随机误差. 因此，对每个实验要作出具体分析，但实验结果的总误差是系统误差与随机误差的总和. 在精密测量时，对系统误差和随机误差必须加以区别，分别处理. 在基本实验中，有时仅要求考虑随机误差.

需要强调的是，在整个测量过程中，除了上述两种性质的误差之外，还可能发生由实验者使用仪器不正确、实验方法不合理、读错数据、记错数据等造成的种种测量上的错误. 错误不同于误差，它是不允许存在的，也是完全可以避免的.

1.1.3 测量的精密度、准确度和精确度

测量的精密度、准确度和精确度是评价测量结果好坏的 3 个术语.

精密度：指对某一个量进行重复测量时所得结果的接近程度，反映随机误差对测量结果的影响. 精密度高，说明测量的重复性好，即随机误差小.

准确度：指测量值接近真值的程度，反映系统误差对测量结果的影响. 准确度高，说明测量值接近真值的程度好，即系统误差小.

精确度：指综合评定测量值的重复性和接近真值的程度. 精确度高，说明随机误差和系统误差都小，即精密度和准确度都高.

我们以打靶为例进行说明，图 1-1-1(a)靶上弹孔相互之间很接近，但偏离靶心都较远，即精密度高

而准确度较差;图 1-1-1(b)靶上弹孔相互之间比较分散,但偏离靶心的程度总体比图 1-1-1(a)好,即精密度比图 1-1-1(a)差,而准确度比图 1-1-1(a)好;图 1-1-1(c)靶上弹孔相互之间很接近,且都接近靶心,精密度和准确度都高,即精确度高.

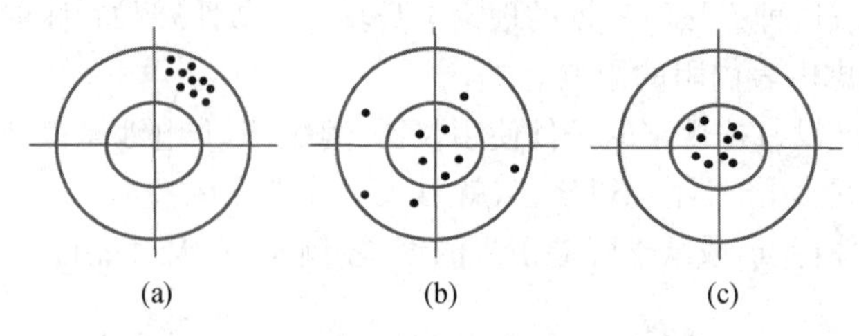

图 1-1-1 测量的精密度、准确度和精确度

1.2 有效数字及其运算法则

在进行物理量测量时,要记录数据,这些数据应取几位数字呢? 要得出实验结果,往往需要按一定的函数关系进行计算,这些计算结果又应保留几位数字呢? 这些都不是随意的,必须按有效数字及其运算法则来确定.

1.2.1 有效数字的一般概念

1. 有效数字的位数与所用仪器的精度有关

测量皆有误差. 例如,我们用最小刻度为 1 mm(即分度值为 1 mm)的尺子测量某物体的长度,如图 1-2-1(a)所示,可以看出,此物体的长度大于 16 mm,小于 17 mm,即长度在 16 mm 到 17 mm 之间,那么,到底是多少呢? 我们可以通过目测进行估计,此物体的长度为 16.2 mm. 这里,"16 mm"是直接从尺上读取的,称为可靠数字,而最后一位"0.2 mm"是从尺上估计出来的,是有误差的,称为可疑数字(尽管可疑,但还是有一定依据的,是有意义的,是不能省略的). 我们把可靠数字和可疑数字合起来,称为有效数字. 所以,16.2 mm 一共有三位有效数字. 应该强调,用这把尺子测量这个物体的长度时,只能读出三位有效数字,这是由这把尺子的测量精度决定的. 如果我们用其他测量精度较高的仪器(如分度值为 0.001 mm 的螺旋测微计)测量此物体的长度时,测得数值的有效数字应有五位,例如为 16.166 mm,这里,"16.16 mm"是可靠数字,而最后一位"0.006 mm"是可疑数字. 如果用精度很差的尺子(如用最小刻度为 1 cm 的尺子)测量,则结果可能为 1.6 cm,只有两位有效数字. 由此可见,有效数字的位数与测量仪器的精度有关. 一般说来,测同一对象时,所用仪器的精度越高,测得的有效数字越多.

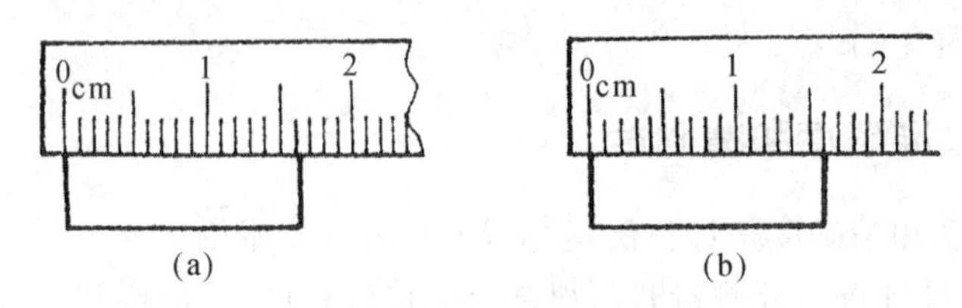

图 1-2-1 长度的测量

2. 末位为"0"和数字中间出现"0"都属于有效数字

我们再来看图 1-2-1(b)的情况. 如果物体的末端正好与刻度线对齐,估读的一位是"0",是可疑数字,这个"0"也是有效数字,不能省略,读数应为 16.0 mm,它表示测量误差在$\frac{1}{10}$mm 位上. 它与 16 mm 是不同的,因为后者表示测量误差只在 1 mm 位上. 所以,前者是三位有效数字,后者是两位有效数字,前者

测量精度比后者高一个数量级. 对于数字中间出现的“0”，例如 30.308 cm，显然是五位有效数字.

3. 作十进制单位变换时，有效数字保持不变

例如，测量值 1.80 m，可以写成 0.001 80 km，也可写成 180 cm，它们都是三位有效数字，都表示测量误差在 $\frac{1}{100}$ m 位上，但是不能写成 1.8 m 或 0.001 8 km 或 1 800 mm，因为前两者只有两位有效数字，而后者有四位有效数字，它们表示的测量误差位有了变化，都没有如实地反映测量精度.

为了书写规范，当数值特大或特小时，我们可采用如下的标准形式，即用 10 的幂方来表示数量级，前面的数字是测得的有效数字（常使小数点前取一位数字）. 例如 0.003 52 m，写成标准形式是 3.52×10^{-3} m. 在进行单位变换时，用标准形式会很方便，例如 3.8 km $= 3.8 \times 10^{3}$ m，不能写成 3 800 m；4 600 Ω $= 4.600 \times 10^{3}$ Ω $=$ 4.600 kΩ，不能写成 4.6 kΩ.

4. 尾数取舍修约规则

有效数字尾数的修约规则，应按现在通用的“四舍六入五凑偶”进行，即尾数小于 5 则舍，大于 5 则入，等于 5 时，前一数是偶数则舍，前一数是奇数则入，例如：

1.274 7　取三位有效数字，尾数为 4，舍去，为 1.27；

3.866　　取两位有效数字，尾数为 6，进位，为 3.9；

0.025 6　取一位有效数字，尾数为 5，前一数为 2，是偶数，则将 5 舍去，为 0.02；

0.075 8　取一位有效数字，尾数为 5，前一数为 7，是奇数，则将 5 进位，为 0.08.

1.2.2　有效数字运算规则

为了使求得的测量结果保持应有的精度，又能简化运算过程，有效数字的计算应按一定的规则进行. 在间接测量中必然要遇到有效数字的运算，测量值的有效数字一般由不确定度的量级来决定，也即先计算出不确定度，然后按“末位对齐”规则决定测量值的有效数字. 对于没有要求给出不确定度的测量值，在运算时则按以下几种运算规则确定有效数字位数.

1. 加减运算

规则：几个数相加减时，其结果在小数点后所应保留的位数与各数中小数点后位数最少的一个相同.

例如（加下划线的数字代表可疑数字）：

$$\begin{array}{r} 28.\underline{3} \\ +\ 1.02\underline{8} \\ \hline 29.\underline{328} \end{array}$$

应写为 29.3，小数点后的位数与“28.3”相同.

又如：

$$\begin{array}{r} 12.\underline{3} \\ -\ 4.12\underline{6} \\ \hline 8.\underline{174} \end{array}$$

应写为 8.2，小数点后的位数与“12.3”相同.

2. 乘除运算

规则：几个数相乘除时，某结果保留的有效数字位数与各数中有效数字位数最少的一个相同.

例如：

$$\begin{array}{r} 10.52\underline{2} \\ \times\ \ 0.3\underline{1} \\ \hline \underline{10522} \\ 3156\underline{6}\ \ \\ \hline 3.\underline{26182} \end{array}$$

应写为 3.3，有效数字位数与“0.31”相同.

又如：

```
          3 0.9
0.34 √10.5 2 2
       10 2
     ─────────
         3 2 2
         3 0 6
       ─────────
           1 6
```

应写为 31，有效数字位数与“0.34”相同.

3. 乘方、开方运算

乘方与开方的结果，其有效数字位数与其底的有效数字位数相同.

4. 对数运算

对数函数运算后的尾数与真数的有效数字位数相同.

例如：

$\lg 1.897 = 0.278\,067\,33$，取成 0.278 1.

$\lg 1\,897 = 3.278\,067\,331$，取成 3.278 1.

5. 三角函数运算

三角函数运算后的有效数字位数与角度的有效数字位数相同.

例如，$\sin 36°56' = 0.600\,885\,361$，取成 0.600 9.

对其他函数运算，有一种简单直观的方法确定有效数字，即将自变量可疑位上下变动一个单位，分析函数结果在哪一位上变动，结果的可疑位(即末位)就取在该位.

应强调几点：

(1) 运算公式中的某些数字是绝对准确数字，如 $T=2\pi\sqrt{\frac{L}{g}}$ 中的倍数 2，它不是测量得来的. 没有可疑数字，T 的有效数字位数由 L 与 g 的有效数字位数来决定.

(2) 在运算过程中，我们还常常碰到一些常数，如 π，一般取这些常数与测量值的有效数字位数相同，也可多取一位. 例如，圆周长 $L=2\pi R$，测量值 $R=2.186$ mm，则 π 应取 3.142，也可取 3.141 6.

(3) 如果某一间接测量值的计算比较复杂，有几个计算步骤，那么，中间步骤的运算结果可按运算规则确定有效数字位数后，再多保留一位，以免误差累积.

(4) 一般情况下，应使用计算器进行运算，对其计算所显示的结果，必须按有效数字运算规则进行取舍，应特别注意，并非结果取位越多越好.

总之，在科学实验中，有效数字包含很重要的意义，我们应该学会正确合理地取舍数据，并进行科学的计算. 数据取舍规则的采用，目的是保证测量结果的准确度不因数字取舍不当而受影响，同时，也可避免因保留一些无意义的可疑数字而做无用功. 虽然计算器可以给出 8 到 10 位数字的计算结果，多取几位并不花费多少精力，也并不带来多少困难，但是实验结果的正确表达仍然值得重视，实验者应该学会正确判断实验结果是几位有效数字，以及如何科学合理地表达实验结果.

1.3 随机误差的分析与处理

系统误差可通过适当措施减少或消除，在下面讨论中，我们是在假定消除或修正了系统误差的理想前提下，研究随机误差问题.

1.3.1 随机误差的正态分布规律

从某一次测量来看，随机误差的出现是偶然的，当测量次数足够多时，随机误差就会显示出明显的规律性. 大量的实验事实和统计理论都表明，在大多数情况下，随机误差服从正态分布，如图1-3-1所示. 图中横轴为误差 Δx，纵轴为误差分布概率密度函数 $f(\Delta x)$. 可见，遵从正态分布的随机误差具有以下特征：

（1）单峰性. 绝对值小的误差出现的概率比绝对值大的误差出现的概率大.

（2）对称性. 绝对值相等的正、负误差出现的概率相同.

（3）有界性. 在一定的测量条件下，误差的绝对值不超过一定限度.

（4）抵偿性. 随机误差的算术平均值随着测量次数的增加而越来越趋于零.

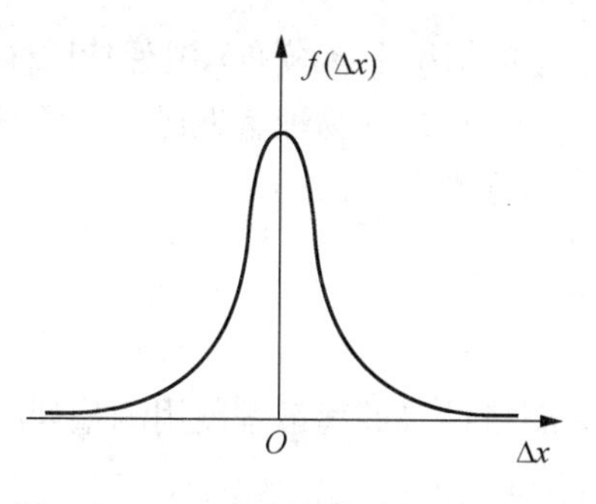

图1-3-1　正态分布的随机误差曲线

因此，增加测量次数可以减小随机误差，随机误差是一种具有抵偿性的误差.

著名数学家、物理学家高斯（德国，1777—1855年）于1795年给出了正态分布的函数表达式，

$$f(\Delta x)=\frac{1}{\sigma\sqrt{2\pi}}\mathrm{e}^{-\frac{(\Delta x)^2}{2\sigma^2}}.$$

式中，$\Delta x=x-A$，表示每次测量的误差，A 为真值；$f(\Delta x)$是误差 Δx 出现的概率密度；σ 为曲线拐点处横坐标值的绝对值，它是表征测量值离散程度的参数，称为正态分布的标准误差. 曲线越陡，σ 越小，则测量精密度越高，随机误差越小，即反映测量重复性越好；σ 越大，则反之，如图1-3-2所示.

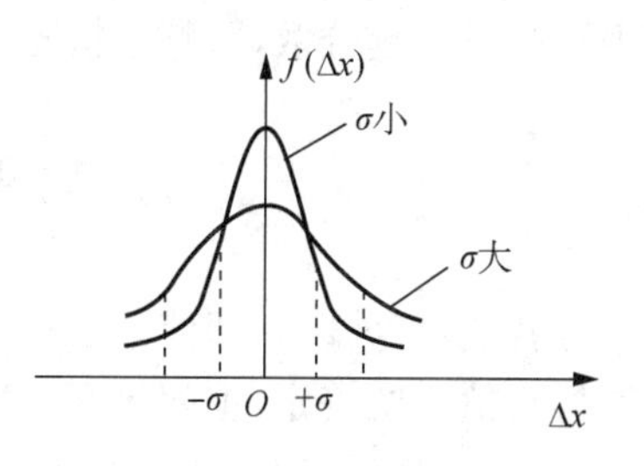

图1-3-2　标准误差的意义

在相同条件下，对某一物理量进行多次测量，称为等精度测量. 理论上，通过对被测量无限多次的等精度测量，可得到其真值，即为无限多个测量值的算术平均值.

$$A=\lim_{n\to\infty}\frac{1}{n}\sum_{i=1}^{n}x_i. \tag{1-3-1}$$

标准误差 σ 的数学计算式为

$$\sigma=\lim_{n\to\infty}\sqrt{\frac{\sum_{i=1}^{n}(x_i-A)^2}{n}}=\lim_{n\to\infty}\sqrt{\frac{\sum_{i=1}^{n}(\Delta x_i)^2}{n}}. \tag{1-3-2}$$

标准误差 σ 有明确的统计学意义，当测量次数 $n\to\infty$ 时，被测量的任一次测量值的随机误差落在$[-\sigma,\ +\sigma]$区间的概率是68.3%，落在$[-2\sigma,\ +2\sigma]$区间的概率是95.4%，落在$[-3\sigma,\ +3\sigma]$区间的概率是99.7%. 换句话说，任一次测量值落在$[A-\sigma,\ A+\sigma]$区间的概率是68.3%，落在$[A-2\sigma,\ A+2\sigma]$区间的概率是95.4%，落在$[A-3\sigma,\ A+3\sigma]$区间的概率是99.7%. 我们把某一数据落在给定区间的概率称为置信概率，用 P 表示，相应区间称为置信区间.

1.3.2　有限次测量的测量结果离散性

从上面分析可见，在消除或修正了系统误差的情况下，当测量次数 $n\to\infty$ 时，随机误差满足正态分布规律，测量值的离散性用标准误差 σ 表述，即误差以一定的概率出现在用 σ 表述的某一区间内. 而实际上测量次数总是有限的，显然不满足正态分布的条件，此情况下，随机误差遵从"t 分布"规律. t 分布是"准"正态分布，函数很复杂，在此不作介绍，其分布曲线与正态分布曲线的差别如图1-3-3所示. 显然，在有限次测

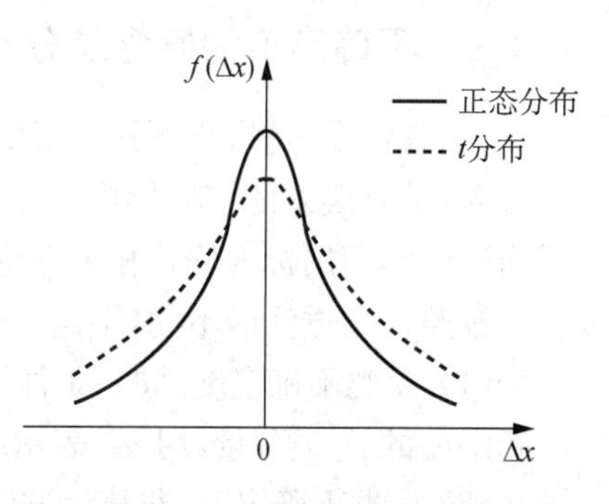

图1-3-3　t 分布与正态分布的比较

量的情况下(t 分布)，要保持同样的置信概率，就要扩大置信区间. 当 $n \to \infty$ 时，t 分布趋于正态分布.

对某一物理量进行 n 次等精度测量，得到测量列 $x_1, x_2, \cdots, x_n$，真值 A 的最佳估计值就是测量列的算术平均值：

$$\bar{x} = \frac{1}{n}(x_1 + x_2 + \cdots + x_n) = \frac{1}{n}\sum_{i=1}^{n} x_i. \tag{1-3-3}$$

测量结果的离散程度用测量列的标准偏差 S(或称标准差)表征，其数学计算式为

$$S = \sqrt{\frac{\sum_{i=1}^{n}(x_i - \bar{x})^2}{n-1}} = \sqrt{\frac{\sum_{i=1}^{n}(\Delta x_i)^2}{n-1}}. \tag{1-3-4}$$

式(1-3-4)称为贝塞尔(Bessel)公式，是后续计算不确定度时很有用的公式. 显然，当 $n \to \infty$ 时，$S \to \sigma$，S 是无限次测量的标准误差 σ 在有限次测量时的最佳估计值.

与正态分布的标准误差 σ 一样，标准偏差 S 也有类似的统计学意义，当测量次数足够多时，测量列中任一测量值与平均值之差落在[$-S$, $+S$]区间的概率是 68.3%. S 表征测量结果的离散性，S 越大，表示测量值越分散，即测量精密度越低，随机误差越大；S 越小，则反之.

1.4 测量结果的不确定度评定

我们已经知道，即使采取正确的测量方法，基于测量者、仪器问题等多种原因，测量误差不可避免，使得真值无法确定，也就是必定存在不确定的成分. 用标准偏差来评估这种不确定的程度显然存在不足，可能会遗漏一些影响测量结果的因素，比如仪器误差等. 实际上，这种不确定的程度可以用一种科学的、合理的、公认的方法来表示，这就是“不确定度”评定. 在测量方法正确的前提下，不确定度越小，说明测量结果越可靠. 不确定度用来表征测量值的离散性、准确度和可靠程度.

长期以来，各国对测量不确定度的表述存在分歧. 为了寻求统一，便于国际交流，1978 年国际计量大会委托国际计量局联合各国国家计量标准实验室一起共同研讨，制定一个表述不确定度的指导性文件. 数十年以来，国际标准化组织等对不确定度表述不断进行修改、充实，制定出测量不确定度表达指南，对一些基本概念和计算方法作出权威表述.

不确定度必须作出合理评价，若评价得过大或过小，在实验研究中会怀疑结果的正确性而不能果断作出判断，或得出错误的结论；在生产中会因测量结果不能满足要求，需再投资进而造成浪费，或产品质量不能保证，造成危害.

完整而严密的不确定度表达涉及深广的误差理论和专业知识，已超出本课程的学习范围，同时，其概念、理论和应用范围仍在不断发展和完善. 以下介绍相关知识时，在确保科学合理的前提下，结合物理实验教学实际情况，拟采用一种简化的方法来进行不确定度表述，使初学者便于接受，有一个初步基础. 以后工作需要时，可以阅读相关书籍和文献，继续深入和提高.

1.4.1 不确定度的概念及分类

“不确定度”是指待测量的真值以一定概率落于某区间的一个评定，它是表征测量结果离散性的一个参数，是对误差的一种量化估计，是对测量结果可信赖程度的具体评定. 这里的“不确定度”是指“标准不确定度”，即用标准偏差相关理论来估算不确定度值，常用 u 表示.

按照评定方法的不同，不确定度分为两类：

(1) A 类不确定度. 同一条件下多次测量时，用统计方法来评定的不确定度，称为 A 类不确定度，或不确定度的 A 类分量，用 u_A 表示.

(2) B 类不确定度. 非统计方法评定的不确定度，称为 B 类不确定度，或不确定度的 B 类分量，用 u_B

表示.

A类、B类不确定度仅仅是指评定方法不同，两者同等重要. 根据测量的实际情况，有些只需要进行A类或B类不确定度评定，更多情况下需要进行A类、B类不确定度的综合评定.

应当指出的是，测量的不确定度和测量误差是两个不同的概念. 误差表示测量结果对真值的偏离，是一个确定值，但由于真值未知，因而测量误差只是理想的概念；不确定度表征的是测量值的分散性，可以根据实验数据、资料、经验等信息进行定量评定.

1.4.2　不确定度的评定

1. A类不确定度评定

在相同条件下，对某一物理量进行 n 次测量，得到测量列 x_1, x_2, x_3, …, x_n，真值的最佳估计值就是算术平均值，即 $\bar{x}=\frac{1}{n}\sum_{i=1}^{n}x_i$，其A类不确定度为

$$u_{\mathrm{A}}(x)=t\cdot\frac{S}{\sqrt{n}}=t\cdot\sqrt{\frac{\sum_{i=1}^{n}(x_i-\bar{x})^2}{n(n-1)}}. \tag{1-4-1}$$

式中，S 为标准偏差；t 为 t 分布的置信系数，或称 t 因子，它与测量次数 n 及置信概率 P 有关. t 的数值可根据测量次数和置信概率从专门的数据表中查到. 当测量次数较少或置信概率较高时，$t>1$；当测量次数较多且置信概率 $P=68.3\%$ 时，$t\approx 1$(表1-4-1).

表1-4-1　$P=68.3\%$ 时，不同测量次数 n 下的置信系数 t 值

n	2	3	4	5	6	7	8	9	10	20	50	100	∞
t	1.84	1.32	1.20	1.14	1.11	1.09	1.08	1.07	1.06	1.03	1.01	1.01	1.00

在大多数教学实验中，为了简便，一般就取 $t=1$，对应置信概率为68.3%，这样，式(1-4-1)可简写为

$$u_{\mathrm{A}}(x)=\sqrt{\frac{\sum_{i=1}^{n}(x_i-\bar{x})^2}{n(n-1)}}. \tag{1-4-2}$$

2. B类不确定度评定

B类不确定度是非统计方法评定的不确定度，如实验系统固有的系统误差就要用B类不确定度来描述. B类不确定度评定应考虑到影响测量准确度的各种可能因素，需要对测量过程仔细分析，根据经验和相关信息来估计. 相关信息包括过去积累的测量数据，对测量对象的分析，对仪器性能的了解，仪器的技术指标，仪器调节的不垂直、不水平、不对准等因素引入的附加误差，鉴定证书提供的数据和技术手册查到的数据等. 为简单起见，本书主要考虑两种B类不确定度：一种为测量不确定度 $u_{\mathrm{B1}}(x)$；另一种为仪器不确定度 $u_{\mathrm{B2}}(x)$.

测量不确定度 $u_{\mathrm{B1}}(x)$ 由估读引起. 若对某物理量进行多次测量，这种由估读引起的不确定度 $u_{\mathrm{B1}}(x)$ 已经在A类不确定度评定中得到体现，无需重复评定；若对某物理量进行单次测量，则一般需要同时考虑 $u_{\mathrm{B1}}(x)$ 和 $u_{\mathrm{B2}}(x)$.

测量不确定度 $u_{\mathrm{B1}}(x)$ 通常取仪器分度值 d 的1/10或1/5，有时也取1/2，甚至取 $u_{\mathrm{B1}}(x)=d$ 或更大，视具体情况而定. 例如，同样用分度值为1 mm的米尺测量物体的长度时，若较好消除了视差，可取 $u_{\mathrm{B1}}(x)=\frac{1}{10}\times 1\ \mathrm{mm}=0.1\ \mathrm{mm}$；若受测量条件限制影响估读，或存在较大视差，可取 $u_{\mathrm{B1}}(x)=\frac{1}{5}\times 1\ \mathrm{mm}=0.2\ \mathrm{mm}$；

若用肉眼观察透镜成像的方法粗测透镜焦距，取 $u_{B1}(x)=1\times1\ \text{mm}=1\ \text{mm}$ 甚至更大，才是科学合理的. 又如在示波器上读电压时(设分度值为 0.2 V)，因荧光线条一般较宽，且可能有微小抖动，则可取 $u_{B1}(x)=\frac{1}{2}\times0.2\ \text{V}=0.1\ \text{V}$.

仪器不确定度 $u_{B2}(x)$是由仪器本身的特征所决定的，其定义式为

$$u_{B2}(x)=\frac{\Delta_{仪}}{c}. \tag{1-4-3}$$

式中，$\Delta_{仪}$ 为仪器说明书上标明的仪器"最大允差"、"最大误差"或"不确定度限值". $\Delta_{仪}$ 包含了仪器的系统误差，它表征同一规格型号的合格产品，在正常使用下可能产生的最大误差. 有些仪器说明书没有直接给出最大允差，但给出了仪器的精度等级，则 $\Delta_{仪}$ 需根据适当方法进行计算才能得到. 另有一些不是特别精密的仪器没有给出最大允差信息，则可取 $\Delta_{仪}$ 等于分度值或其 1/2，或某一合理的估计值.

式(1-4-3)中的 c 是置信因子，与仪器示值误差的分布特性有关. 分布特性有正态分布、均匀分布和三角分布等，对应的置信因子分别取 $c=3$, $\sqrt{3}$, $\sqrt{6}$. 若说明书上没有仪器示值误差分布特性的信息，则一般按均匀分布处理，取 $c=\sqrt{3}$.

1.4.3 不确定度的合成与传递

由正态分布、均匀分布和三角分布所求得的标准不确定度可以按以下规则进行合成与传递.

1. 合成

在相同条件下，对待测量 x 进行多次测量时，x 的不确定度由 A 类不确定度 $u_A(x)$和仪器不确定度 $u_{B2}(x)$采用"方和根"合成而得到，即

$$u(x)=\sqrt{u_A^2(x)+u_{B2}^2(x)}. \tag{1-4-4}$$

对待测量 x 进行单次测量时，x 的不确定度由测量不确定度 $u_{B1}(x)$和仪器不确定度 $u_{B2}(x)$采用"方和根"合成而得到，即

$$u(x)=\sqrt{u_{B1}^2(x)+u_{B2}^2(x)}. \tag{1-4-5}$$

对于单次测量，有时会因待测量 x 的测量手段不同，其不确定度的计算也有所变化，例如测量长度 x 时，x 是两个位置读数 x_2 和 x_1 之差，由于两个读数都有因估读引起的测量不确定度，因此 x 的不确定度应为

$$u(x)=\sqrt{u_{B1}^2(x_1)+u_{B1}^2(x_2)+u_{B2}^2(x)}.$$

说明：单次测量常常是由于条件不许可，或者由于某一量的不确定度对最终测量的总不确定度影响不大，因而测量只需进行一次. 这时，由于此量的不确定度实际上只能根据仪器误差、测量方法、实验条件和实验者技术水平等实际情况进行合理估计，因此不能一概而论. 除了按上述方法估算，还常常简化处理，比如忽略测量不确定度 $u_{B1}(x)$而仅考虑仪器不确定度 $u_{B2}(x)$，或者直接采用仪器误差作为单次测量的不确定度.

2. 传递

物理实验中，大量的测量属于间接测量，间接测量的结果是由一个或几个直接测量结果通过公式计算而得到. 各直接测量结果的不确定度如何影响间接测量结果的不确定度？这就是不确定度传递问题.

设被测量 N 由几个直接测量量 x, y, z, …通过计算而得到，若函数关系式为 $N=f(x, y, z, \cdots)$，且 x, y, z, …相互独立，并已求得各直接测量量的"方和根"合成不确定度 $u(x)$, $u(y)$, $u(z)$, …，由误差理论可知，间接测量量 N 的不确定度传递公式为

$$u(N)=\sqrt{\left(\frac{\partial f}{\partial x}\right)^2 u^2(x)+\left(\frac{\partial f}{\partial y}\right)^2 u^2(y)+\left(\frac{\partial f}{\partial z}\right)^2 u^2(z)+\cdots}. \tag{1-4-6}$$

而间接测量量 N 的真值的最佳估计值 $\overline{N}=f(\bar{x}, \bar{y}, \bar{z}, \cdots)$，即把各直接测量量的算术平均值代入函数关系式中求得.

由式(1-4-6)可推导出一些常用函数的不确定度传递公式，见表 1-4-2.

表 1-4-2　常用函数的不确定度传递公式

函数式 $N=f(x, y, z, \cdots)$	不确定度传递公式
$N=x+y$	$u(N)=\sqrt{u^2(x)+u^2(y)}$
$N=x-y$	$u(N)=\sqrt{u^2(x)+u^2(y)}$
$N=kx$，k 为常数	$u(N)=ku(x)$
$N=\sqrt[k]{x}$，k 为常数	$u(N)=N\cdot\frac{1}{k}\cdot\frac{u(x)}{x}$
$N=xy$	$u(N)=N\cdot\sqrt{\left[\frac{u(x)}{x}\right]^2+\left[\frac{u(y)}{y}\right]^2}=\sqrt{y^2u^2(x)+x^2u^2(y)}$
$N=\frac{x}{y}$	$u(N)=N\cdot\sqrt{\left[\frac{u(x)}{x}\right]^2+\left[\frac{u(y)}{y}\right]^2}$
$N=\frac{x^k y^m}{z^n}$ (k, m, n 均为常数)	$u(N)=N\cdot\sqrt{\left[k\frac{u(x)}{x}\right]^2+\left[m\frac{u(y)}{y}\right]^2+\left[n\frac{u(z)}{z}\right]^2}$
$N=\sin x$	$u(N)=\lvert\cos x\rvert\cdot u(x)$
$N=\ln x$	$u(N)=\frac{1}{x}\cdot u(x)$

1.4.4　测量结果的不确定度表示

为了完整表达测量结果，应给出待测量 x 的最佳估计值 $\bar{x}$、合成不确定度 $u(x)$、置信概率 P、单位，因不确定度 $u(x)$ 表示的是待测量 x 的真值在一定的置信概率下可能存在的范围，故通常把测量结果表达为如下形式：

$$x=\bar{x}\pm u(x)(\text{单位})\quad (P\approx\quad). \tag{1-4-7}$$

式(1-4-7)表示待测量 x 的真值以置信概率 P 落在 $[\bar{x}-u(x), \bar{x}+u(x)]$ 区间内. 在大学物理教学实验中，一般 $P\approx 68.3\%$.

有时，以不确定度相对于待测量的百分比来表示测量结果，更加能看出不确定度的相对大小，相对不确定度 $U_r(x)=\frac{u(x)}{\bar{x}}\times 100\%$. 例如测得某物体的长度为 45.8 mm，相对不确定度为 2%. 在报道测量结果时，也可同时给出式(1-4-7)和相对不确定度 $U_r(x)$ 的值.

测量结果的表示有具体规范：①测量值的末位与不确定度的末位对齐，即两者小数点后的位数相同. ②不确定度取一位或两位有效数字均可，当不确定度首位数为 1 或 2 时，通常取两位有效数字，若测量结果是作为间接测量的中间结果，不确定度可多取一位有效数字. ③相对不确定度取一位或两位有效数字. ④在截取尾数时，不确定度“只进不舍”，这是为了保证其置信概率水平不降低，而测量值则仍按有效数字修约规则取舍.

例如,对某物体长度进行多次等精度测量,用计算器计算时,计算器显示屏显示长度平均值为 12.784 137 8 mm,显示合成不确定度为 0.233 902 31 mm,那么,长度的测量结果怎么表达?有效数字怎么取舍?按照上述表达规范,首先不确定度取一位或两位有效数字,由于 0.233 902 31 mm 的首位数为 2,所以建议选择取两位有效数字,因为不确定度截取尾数时"只进不舍",所以取值 0.24 mm,再根据测量值与不确定度末位对齐的原则,把长度平均值 12.784 137 8 mm 修约为 12.78 mm,这样长度测量结果表达为 $l=(12.78\pm0.24)\,\text{mm}\ (P\approx68.3\%)$,相对不确定度为 1.9%;不确定度也可取一位有效数字,那么长度测量结果表达为 $l=(12.8\pm0.3)\,\text{mm}\ (P\approx68.3\%)$,相对不确定度为 2.4%,两种结果表达都是正确的.

不确定度反映测量结果的可靠程度,反映测量的精确度.更重要的是,人们在接受一项实验任务时,要根据对不确定度的要求设计实验方案、选择实验仪器和确定实验环境.通过对不确定度大小及成因的分析,找到影响实验精确度的原因并作调整.在间接测量中,若已知函数关系式,可根据不确定度传递公式,分析各物理量的不确定度对最后结果的不确定度的影响大小,从而为改进实验、合理组织实验、合理选择仪器提供有效依据,对测量结果影响较大的物理量,尽可能采用较精密的仪器.

下面两个例题综合了有效数字取舍、直接测量的不确定度评定、不确定度合成、间接测量的不确定度传递、测量结果表达等各方面知识,请读者仔细阅读,认真分析.

例 1 用螺旋测微计 ($\Delta_{仪}=0.004$ mm) 测量某圆柱体的直径 6 次,用游标卡尺 ($\Delta_{仪}=0.02$ mm) 测量同一圆柱体的高度 6 次,数据见表 1-4-3,试求圆柱体的体积和不确定度,并写出体积的测量结果.

表 1-4-3 圆柱体尺寸

序号	1	2	3	4	5	6
直径 D/mm	16.723	16.725	16.678	16.690	16.720	16.707
高度 h/mm	60.38	60.36	60.36	60.40	60.36	60.34

解 按以下步骤计算:

(1) 计算圆柱体直径 D 的平均值、A 类不确定度、B 类不确定度及合成不确定度.

$$\bar{D}=\frac{1}{n}\sum_{i=1}^{n}D_i=\frac{16.723+16.725+\cdots+16.707}{6}=16.707\,166\cdots\approx16.707\,2(\text{mm}).$$

$$u_{\text{A}}(D)=\sqrt{\frac{\sum\limits_{i=1}^{n}(D_i-\bar{D})^2}{n(n-1)}}$$

$$=\sqrt{\frac{(16.723-16.707\,2)^2+(16.725-16.707\,2)^2+\cdots+(16.707-16.707\,2)^2}{6\times(6-1)}}$$

$$=0.007\,913\,7\cdots\approx0.008\,0(\text{mm}).$$

$$u_{\text{B2}}(D)=\frac{\Delta_{仪}}{\sqrt{3}}=\frac{0.004}{\sqrt{3}}\approx0.002\,3(\text{mm}).$$

$$u(D)=\sqrt{u_{\text{A}}^2(D)+u_{\text{B2}}^2(D)}=\sqrt{0.008\,0^2+0.002\,3^2}=0.008\,324\cdots\approx0.008\,4(\text{mm}).$$

(备注:以上各量的计算为中间过程,结果宜多取一位,以减小计算中的舍入误差.)

(2) 计算圆柱体高 h 的平均值、A 类不确定度、B 类不确定度及合成不确定度.

$$\bar{h}=\frac{1}{n}\sum_{i=1}^{n}h_i=\frac{60.38+60.36+\cdots+60.34}{6}=60.366\,6\cdots\approx60.367(\text{mm}).$$

$$u_A(h)=\sqrt{\frac{\sum_{i=1}^{n}(h_i-\bar{h})^2}{n(n-1)}}$$

$$=\sqrt{\frac{(60.38-60.367)^2+(60.36-60.367)^2+\cdots+(60.34-60.367)^2}{6\times(6-1)}}$$

$$=0.008\,432\cdots\approx0.008\,5(\text{mm}).$$

$$u_{B2}(h)=\frac{\Delta_{仪}}{\sqrt{3}}=\frac{0.02}{\sqrt{3}}\approx0.012(\text{mm}).$$

$$u(h)=\sqrt{u_A^2(h)+u_{B2}^2(h)}=\sqrt{0.008\,5^2+0.012^2}=0.014\,70\cdots\approx0.015(\text{mm}).$$

（备注：以上各量的计算为中间过程，结果宜多取一位，以减小计算中的舍入误差.）

(3) 计算圆柱体体积 V 的测量值、不确定度，并表达测量结果.

圆柱体体积的测量值为

$$\bar{V}=\pi\left(\frac{\bar{D}}{2}\right)^2\bar{h}=3.141\,6\times\left(\frac{16.707\,2}{2}\right)^2\times60.367=13\,234.2(\text{mm}^3)\approx13.23(\text{cm}^3).$$

根据不确定度传递公式，圆柱体体积测量的不确定度为

$$u(V)=\bar{V}\cdot\sqrt{\left[2\times\frac{u(D)}{\bar{D}}\right]^2+\left[\frac{u(h)}{\bar{h}}\right]^2}$$

$$=13\,234.2\times\sqrt{\left[2\times\frac{0.008\,4}{16.707\,2}\right]^2+\left[\frac{0.015}{60.367}\right]^2}$$

$$=13.707\,9\cdots\approx14(\text{mm}^3)\approx0.02(\text{cm}^3).$$

圆柱体体积的测量结果为

$$V=(13.23\pm0.02)\text{cm}^3\qquad(P\approx68.3\%).$$

体积测量的相对不确定度 $U_r(V)=\frac{0.02}{13.23}\times100\%\approx0.15\%$.

例 2 假设例 1 中的圆柱体是铜制的，现用物理天平(感量 0.1 g，允差 $\Delta_{仪}=0.1$ g) 采取复称法测量此圆柱体质量 1 次，测得 $m=117.72$ g，求铜的密度测量值和不确定度，并写出测量结果.

（备注：题中的“复称法”是物理天平精确测量物体质量的方法，该方法将待测物体分别放在左、右盘上各测一次，得到质量 m_1，m_2，用 $m=\sqrt{m_1m_2}$ 算出物体质量，复称法能消除天平不等臂所引起的误差.）

解 由圆柱体质量及例 1 求得的体积测量值，铜密度的测量值为

$$\bar{\rho}=\frac{m}{\bar{V}}=\frac{117.72}{13\,234\times10^{-3}}\approx8.895\,3(\text{g}\cdot\text{cm}^{-3}).$$

对圆柱体质量的不确定度作简化处理，只考虑仪器不确定度 $u_{B2}(x)$，

$$u(m)=u_{B2}(m)=\frac{0.1}{\sqrt{3}}\approx0.058(\text{g}).$$

由不确定度传递公式，铜密度测量的不确定度为

$$u(\rho)=\bar{\rho}\cdot\sqrt{\left[2\times\frac{u(D)}{\bar{D}}\right]^2+\left[\frac{u(h)}{\bar{h}}\right]^2+\left[\frac{u(m)}{m}\right]^2}$$

$$=8.8953\times\sqrt{\left[2\times\frac{0.0084}{16.7072}\right]^2+\left[\frac{0.015}{60.367}\right]^2+\left[\frac{0.058}{117.72}\right]^2}$$

$$\approx 0.011(\mathrm{g}\cdot\mathrm{cm}^{-3}).$$

说明：根号中前二项也可用$\left[\frac{u(V)}{\bar{V}}\right]^2$代替.

所以，铜密度的测量结果为

$$\rho=(8.895\pm 0.011)\ \mathrm{g}\cdot\mathrm{cm}^{-3}\qquad (P\approx 68.3\%).$$

铜密度测量的相对不确定度$U_r(\rho)=\frac{0.011}{8.895}\times 100\%=0.13\%$.

请读者注意，应学会使用计算器的统计功能，可方便计算多次测量的不确定度. 在阅读以上两个例题时，要把重点放在计算方法和有效数字取位等内容上，同时建议用计算器认真算一遍.

1.5 数据处理的基本方法

处理实验数据的目的在于通过必要的整理、分析、归纳和计算，得出实验的结论. 物理实验中常用的数据处理方法有列表法、作图法、逐差法和最小二乘法等.

1.5.1 列表法

1. 列表法的作用和优点

在记录和整理数据时，要将数据列成表格形式，这是记录和整理实验数据的基本要求，也是对实验数据作进一步处理的基础. 数据表格可以简单明确地表示出物理量之间的对应关系，便于检查实验中存在的问题，判断测量结果的合理性，有助于从中找出物理量之间存在的规律性.

2. 列表的要求

(1) 表格应简单明了，栏目的排列应便于分析各物理量之间的关系.

(2) 表格中应标明物理量的名称、符号、单位及量值的数量级，而不要重复记在各数值上.

(3) 应正确记录测量值的有效数字.

(4) 表格中除列入原始测量数据外，必要时，数据处理过程中的一些重要的中间结果也可列入表格中.

1.5.2 作图法

1. 作图法的作用和优点

作图法是一种被广泛用来处理实验数据的方法. 物理量之间存在的关系既可以用解析函数表示，也可以用图线表示. 科技工作者一般对图线很感兴趣，因为图线能形象直观地表明两个变量之间的关系，特别是对那些尚未找到适当解析函数表达式的实验结果，可以从画出的图线中寻找相应的经验公式. 此外，作图法还可以求出函数表达式中相应的参量和其他待测量.

作图法处理数据并不复杂，对许多初学者来说，却是比较困难的. 这是由于初学者缺乏作图的基本训练，也可能是由于思想上对作图不够重视. 相信只要认真对待，一定能熟练掌握作图法这种重要的数据处理方法.

2. 作图步骤与规则

(1) 数据整理. 在作图前，一般先将相关数据列成表格形式，这是作图的依据.

(2) 选用坐标纸. 最常用的是线性直角坐标纸(毫米坐标纸)，根据需要，也可选用单对数坐标纸、双对数坐标纸、极坐标纸等. 坐标纸的大小一般应根据所测数据的大小、有效数字的多少以及结果的需要来确定.

(3) 确定坐标轴. 一般以横轴代表自变量,纵轴代表因变量. 在坐标纸的左方和下方画出两条粗细适当的线表示纵轴和横轴,通常纵轴取向上为正方向,横轴取向右为正方向,在轴的末端外侧标明所代表的物理量符号和单位.

(4) 确定坐标轴的比例与标度. 要适当选取横轴和纵轴的比例及坐标起点,使图线充满整张坐标纸,不偏于一角或一边. 确定比例及标度时应注意:

a. 原则上,图中实验点的坐标读数的有效数字位数不能少于实验数据的有效数字位数. 也就是说,数据中的可靠数字在图中是可靠的,数据中可疑的一位在图中是估计的.

b. 一般地说,轴上每一小格所代表的量值应为 1,2,5,而不应为 3,7,9 等. 这样,对于描点和读坐标将很方便. 在轴上应等间距进行标度,力求简明,以不用计算就能方便地直接读出图线上每一点的坐标为宜,因此通常也用 1,2,5,而不选用 3,7,9 来标度.

c. 横轴和纵轴的标度可以不同,两轴的起始点也不一定都从零开始,可以取比数据最小值稍小一些的数作为起始点,以便调整图线的大小和位置.

d. 如果数据特别大或特别小,可以提出数量级,例如提出"$\times 10^{3}$"或"$\times 10^{-2}$",写在坐标轴物理量单位符号前面.

(5) 标点与连线. 用削尖的硬铅笔以小"+"字标在坐标纸上,应使"+"交叉点正好落在测量数据所对应的坐标上. 当一张坐标纸上要画几条图线时,每条图线可采用不同的标记(如"×""·""⊙"等)加以区别. 连线时,要用直尺或曲线板,综合考虑所有数据点的分布,把数据点连成直线或光滑曲线. 图线并不一定要通过所有的点,而是让数据点大致均匀地分布在所画图线的两侧,并尽量靠近图线. 如欲将图线延伸到测量数据的范围之外,则应依其趋势用虚线来表示.

在实验中,还常常遇到校正曲线,例如用精度等级高的电表校正精度等级低的电表作的曲线. 作校正曲线时,相邻数据点一律用直线连接,成为折线,而不能连成光滑曲线.

(6) 写图注说明. 在图的空处(一般在图纸上部)写清图名及必要的说明,如横轴为 x 轴,纵轴为 y 轴,则图名可为"y-x 图",所写字体一般用仿宋体.

3. 作图法求解参数

若由实验数据所画的 y-x 图是一条直线,则两物理量 x, y 应满足线性关系 $y=kx+b$,其中,参数 k 和 b 可用作图法求得.

实验数据范围内,在直线上靠近两端内侧处取两点 $P_1(x_1, y_1)$和 $P_2(x_2, y_2)$,其中,x 的坐标最好为整数,并注意不要取原始实验数据点,用与实验数据点不同的符号将它们标示出来,并在旁边注明其坐标读数.

将 $P_1(x_1, y_1)$和 $P_2(x_2, y_2)$两点的坐标代入关系式 $y=kx+b$ 中,有

$$\begin{cases} y_1 = kx_1 + b, \\ y_2 = kx_2 + b. \end{cases}$$

求解方程组,可得

$$k=\frac{y_2-y_1}{x_2-x_1},$$

$$b=\frac{x_2y_1-x_1y_2}{x_2-x_1}.$$

如果 x 轴的起点为零,则 $x=0$ 时,$y=b$,故可直接从直线上读取 b 值. 在数学上,k 和 b 分别为 $y=kx+b$ 的斜率和截距,而在物理上,k 和 b 有其特殊的物理意义.

4. 曲线改直

有些物理量之间的关系不是线性的，可通过适当变换使其变成线性关系，即把曲线改为直线，这样便可用上述方法求解相关参数. 例如 $y=ae^{bx}$，此关系式中 a，b 均为常数，显然，y-x 图是一条曲线. 如果两边取自然对数，可得 $\ln y=bx+\ln a$，以 x 为横轴，$\ln y$ 为纵轴在坐标纸上作图，即可得一直线，在此直线上取两点，把坐标代入上式即可求得常数 a 和 b.

下面举两个具体例子，说明如何作图，如何求解参数，以及如何把曲线改成直线，请仔细阅读.

例 3 金属条长度 L 与温度 t 满足关系式 $L=L_0(1+bt)$. 式中，b 为金属的线胀系数；L_0 为 0℃ 时金属条的长度. 实验测得一组不同温度下的金属条长度，具体数据列于表 1-5-1，试用作图法求解 b 与 L_0.

表 1-5-1 不同温度下的金属条长度数据表

温度 t/℃	50.0	60.0	70.0	80.0	90.0	100.0
金属条长度 L/cm	60.206	60.242	60.284	60.320	60.366	60.402

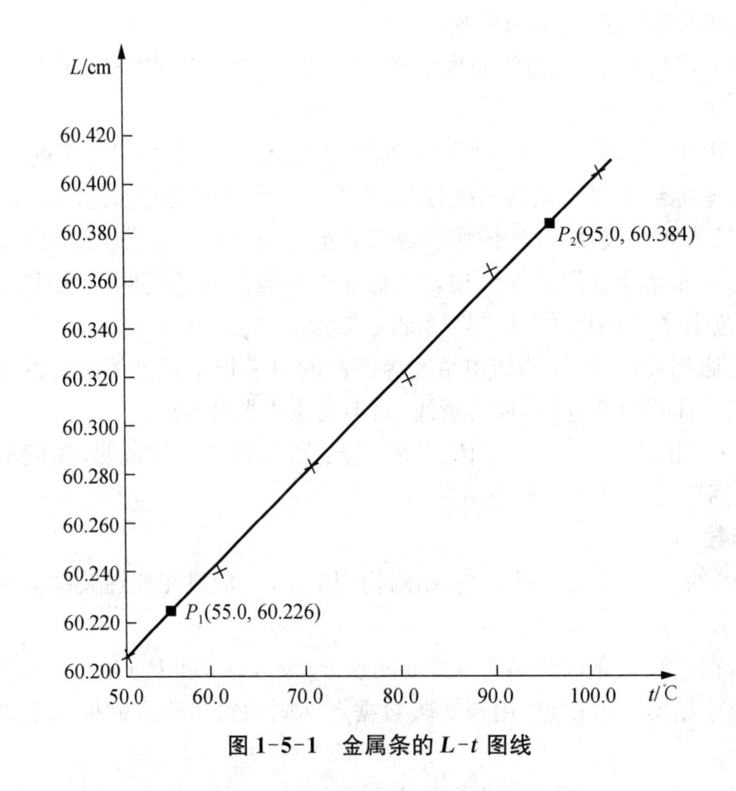

图 1-5-1 金属条的 L-t 图线

解 根据上表数据，以温度 t 为横轴，以金属条长度 L 为纵轴在坐标纸上作图，见图 1-5-1，在直线上取两点并读取坐标，例 $P_1(55.0, 60.226)$ 和 $P_2(95.0, 60.384)$，把两点坐标代入关系式 $L=L_0(1+bt)$ 中，

$$\begin{cases}60.226=L_0(1+55.0b),\\60.384=L_0(1+95.0b).\end{cases}$$

解此方程组，得

$$b=6.58\times10^{-5}(1/℃),$$
$$L_0=60.009(\text{cm}).$$

例 4 在阻尼振荡实验中，电压幅值按指数衰减 ($u=u_0e^{-\beta t}$)，每隔一个周期 ($T=1$ s) 测得电压，见表 1-5-2. 试用作图法求 β 和 u_0.

表 1-5-2　不同时间测得的电压数据表

t/s	1	2	3	4	5	6
u/mV	600	310	152	80	42	22

解　显然 u 与 t 之间的关系不是线性关系，将式 $u=u_0e^{-\beta t}$ 取对数，有

$$\ln u=\ln u_0-\beta t.$$

用单对数坐标纸作图，得 u-t 图线，此图线为一直线，如图 1-5-2 所示，直线的斜率 $k=-\beta$.

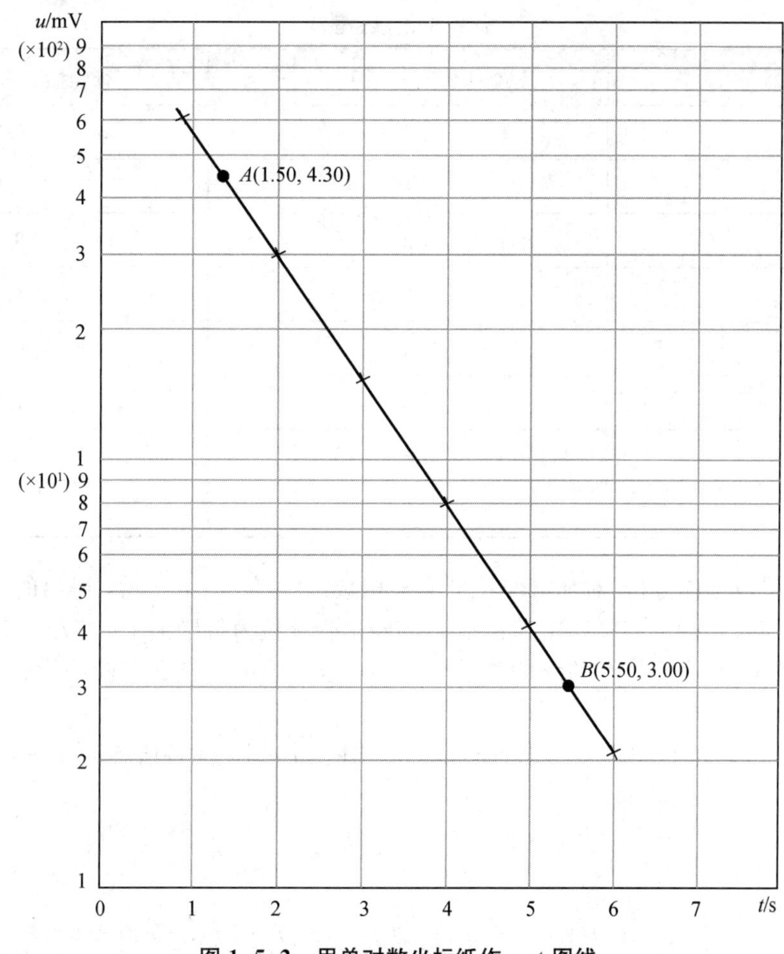

图 1-5-2　用单对数坐标纸作 u-t 图线

在直线上取两点并读取坐标，例 $A(1.50,\ 4.30)$ 和 $B(5.50,\ 3.00)$，可得直线斜率为

$$k=\frac{\ln u_A-\ln u_B}{t_A-t_B}=\frac{\ln(4.30\times10^2)-\ln(3.00\times10^1)}{1.50-5.50}$$
$$=-0.666(\mathrm{s}^{-1}).$$

故

$$\beta=-k=0.666(\mathrm{s}^{-1}).$$

$$\ln u_0=\ln u_A+\beta t_A=\ln(4.30\times10^2)+0.666\times1.50=7.063.$$

故

$$u_0=1.17\times10^3(\mathrm{mV})=1.17(\mathrm{V}).$$

注意：单对数坐标纸是对数坐标纸中的一种，常用的还有双对数坐标纸. 对数轴上的标度值是真数 N，轴上某点到原点的距离与该点标度值 N 的对数是成正比的，轴上每一组“1，2，3，…，10”称为一个

"级",它可以容纳同一个数量级的数据,图 1-5-2 是一张二级单对数坐标纸.

1.5.3 逐差法

逐差法是物理实验中常用的数据处理方法之一,自变量作等间隔变化是逐差法的一般适用条件. 由误差理论可知,多次测量的算术平均值是真值最好的近似,因此,实验中应尽量实现多次测量,但在计算时,如果简单地取各次测量的平均值,并不能达到好的效果,下面这一例子可说明这一问题.

例 5 用拉伸法测定弹簧劲度系数 k,已知在弹性限度内,伸长量 x 与 F 之间满足 $F=kx$. 等值改变拉力(负荷),测得数据见表 1-5-3. 试求弹簧拉力为 1×9.794 N 的平均伸长量$\overline{\Delta x}$,并求该弹簧的劲度系数.

表 1-5-3 数据表

次 数	拉力 $F/(\times 9.794\ \mathrm{N})$	伸长量 $x/(\times 10^{-2}\ \mathrm{m})$
1	0	0.00
2	1	1.53
3	2	3.04
4	3	4.49
5	4	6.00
6	5	7.46
7	6	8.95
8	7	10.50

解 首先对测量数据作分析. 对弹簧伸长量依次相减: $\Delta x_i=x_{i+1}-x_i$,得出的数据分别为 1.53,1.51,1.45,1.51,1.46,1.49,1.55($\times 10^{-2}$ m). 可判断出弹簧拉力每增加 1×9.794 N,弹簧伸长量的增加值 Δx_i 基本相等,验证了 F 与 x 的线性关系. 实际上,这一验证工作在实验测量过程中就可进行,以判断测量是否正常.

但是,欲求弹簧拉力为 1×9.794 N 时伸长量的平均值$\overline{\Delta x}$,用上述各值 Δx_i 求平均值时,有

$$
\begin{aligned}
\overline{\Delta x} &= \frac{\sum_{i=1}^{n}\Delta x_i}{n} \\
&= \frac{(x_2-x_1)+(x_3-x_2)+(x_4-x_3)+(x_5-x_4)+(x_6-x_5)+(x_7-x_6)+(x_8-x_7)}{7} \\
&= \frac{x_8-x_1}{7}=\frac{(10.50-0.00)\times 10^{-2}}{7}=1.50\times 10^{-2}(\mathrm{m}).
\end{aligned}
$$

中间值全部抵消,只有始末两个测量值起作用,与拉力 $7\times 9.794\times 10^{-3}$ N 的单次测量等价. 这样就失去了多次测量取得多个数据求平均值以减少误差的作用. 显然,用这种方法求$\overline{\Delta x}$ 是不合理的.

为了保持多次测量的优越性,只要在数据处理方法上作些变化,通常把数据等分成两组,一组是 x_1, x_2, x_3, x_4;另一组是 x_5, x_6, x_7, x_8. 然后对应项相减求平均值,得

$$
\begin{aligned}
\overline{\Delta x'} &= \frac{1}{4}[(x_8-x_4)+(x_7-x_3)+(x_6-x_2)+(x_5-x_1)] \\
&= \frac{1}{4}[(10.50-4.49)+(8.95-3.04)+(7.46-1.53)+(6.00-0.00)]\times 10^{-2} \\
&= 5.96\times 10^{-2}(\mathrm{m}).
\end{aligned}
$$

这样，各个数据都用上了. 注意，此时的$\overline{\Delta x'}$并不是拉力为 1×9.794 N 的伸长量的平均值，而是拉力为 4×9.794 N 的伸长量平均值.

本例中需计算的拉力为 1×9.794 N 的平均伸长量 $\overline{\Delta x}=\frac{1}{4}\overline{\Delta x'}=\frac{1}{4}\times 5.96\times 10^{-2}=1.49\times 10^{-2}$(m). 该弹簧的劲度系数为 $k=\frac{F}{\overline{\Delta x}}=\frac{1\times 9.794}{1.49\times 10^{-2}}=657(\mathrm{N}\cdot\mathrm{m}^{-1})$.

总之，在一组总量为偶数个等间隔的测量数据中，不用相邻项相减，而是把数据按测量顺序等分成两组(设每组有 n 项)，将后一组的第一项与前一组的第一项相减，后一组的第二项与前一组的第二项相减……相隔 n 项逐差，求其算术平均值作为相隔 n 项的最佳值. 这样，可以避免相邻项相减求其算术平均值时，中间各项都抵消而没有用上的缺点，这种数据处理方法称为逐差法.

1.5.4　最小二乘法

把实验结果画成图线，可形象表示物理量之间的相互关系，但按照前述作图法画图线，有一定的主观随意性，作图法得到的参数可靠性也随之受影响，同一组实验数据可能得到不同结果. 而利用最小二乘法确定拟合曲线的参数是以误差理论为依据的严格方法，可准确求得两个测量值之间的函数关系(即经验方程)，由实验数据求经验方程，称为方程回归. 由于这种方法涉及很多数理统计知识，因此，这里只作初步介绍，而且只考虑最简单的线性回归问题.

最小二乘法首先要预设函数关系，设变量 x，y 满足线性关系，即

$$y=kx+b. \tag{1-5-1}$$

式中，k，b 为函数式的参数. 自变量只有一个，故称为一元线性回归. 设测得一组数据为$(x_i,\ y_i)$，其中 $i=1,\ 2,\ \cdots,\ n$. 在一元线性回归问题中，需要根据实验数据$(x_i,\ y_i)$确定参数 k，b，相当于在作图法中求直线的斜率和截距.

我们讨论最简单的情况，即多次测量是等精度测量，且假定 x，y 值中 x 值是准确的，只有 y 值有明显随机误差. 若实际问题中，x，y 值均有误差，只要把误差相对较小的变量作为 x 即可.

最小二乘法的线性拟合原理：若最佳拟合直线为 $y=kx+b$，则各测量值 y_i 与该拟合直线上相应的各值之间的偏差的平方和最小. 每一次测量值 y_i 与按拟合方程计算出来的 y 值之间的偏差为

$$s_i=y_i-(kx_i+b),\ i=1,\ 2,\ \cdots,\ n.$$

最小二乘法线性拟合原理也可表达为

$$s(k,\ b)=\sum_{i=1}^{n}s_i^2=\sum_{i=1}^{n}[y_i-(kx_i+b)]^2\rightarrow \min(\text{极小}).$$

由数学知识可知在极小处，其导数为零，所求的参数 k，b 是下列方程组的解：

$$\begin{cases}\dfrac{\partial s(k,\ b)}{\partial k}=\displaystyle\sum_{i=1}^{n}(-2x_i)(y_i-kx_i-b)=0,\\ \dfrac{\partial s(k,\ b)}{\partial b}=\displaystyle\sum_{i=1}^{n}(-2)(y_i-kx_i-b)=0.\end{cases}\rightarrow\begin{cases}b\displaystyle\sum_{i=1}^{n}x_i+k\sum_{i=1}^{n}x_i^2-\sum_{i=1}^{n}x_iy_i=0,\\ nb+k\displaystyle\sum_{i=1}^{n}x_i-\sum_{i=1}^{n}y_i=0.\end{cases}$$

解得

$$k=\frac{\bar{x}\cdot\bar{y}-\overline{xy}}{(\bar{x})^2-\overline{x^2}}, \tag{1-5-2}$$

$$b=\bar{y}-k\bar{x}=\frac{\bar{x}\cdot\overline{xy}-\overline{x^2}\cdot\bar{y}}{(\bar{x})^2-\overline{x^2}}. \tag{1-5-3}$$

式中，$\bar{x}=\frac{1}{n}\sum_{i=1}^{n}x_i$，$\bar{y}=\frac{1}{n}\sum_{i=1}^{n}y_i$，$\overline{x^2}=\frac{1}{n}\sum_{i=1}^{n}x_i^2$，$\overline{xy}=\frac{1}{n}\sum_{i=1}^{n}x_iy_i$.

这样，由式(1-5-2)、式(1-5-3)算出参数 k，b 后所确定的方程 $y=kx+b$，就是由实验数据$(x_i,\ y_i)$所拟合的最佳直线方程，即线性回归方程.

回归方程 $y=kx+b$ 的确定，在于预先假设了两变量之间存在线性关系. 若两变量之间的关系在理论上还不确定，那么只能靠实验数据的趋势来推测. 若假设两变量是线性关系，则还需要验证这个假设是否合理，这可通过一元线性回归的相关系数 r 来判断. r 定义为

$$r=\frac{\overline{xy}-\bar{x}\cdot\bar{y}}{\sqrt{[\overline{x^2}-(\bar{x})^2]\cdot[\overline{y^2}-(\bar{y})^2]}}.$$

相关系数 r 表示两个变量 x，y 之间的关系与线性函数符合的程度，r 值总在 0 与±1 之间. 若 $|r|=1$，表示变量 x，y 完全线性相关；若 $|r|\to 0$，说明变量 x，y 不存在线性关系，不能用线性函数拟合.

有些非线性关系可通过一定的变换转化为线性关系，从而利用最小二乘法进行实验数据的处理. 例如曲线方程 $y=cx^b$，可在等式两端取自然对数，得 $\ln y=\ln c+b\ln x$，再令 $Y=\ln y$，$X=\ln x$，$a=\ln c$，就得到线性方程 $Y=a+bX$.

很多计算器都有最小二乘法的线性拟合功能，只要输入 x，y 的数据，即可得到斜率 k、截距 b 和相关系数 r，而不必用公式进行烦琐计算.

实验数据处理还常常借助于计算机进行，例如利用 Excel，Origin 等通用软件可节约大量烦琐的人工计算和画图工作，减少中间环节的计算错误，节省时间，提高效率. 有关 Excel，Origin 等软件的实验数据处理方法，请读者自行查阅相关书籍和资料，在此不作介绍.

参考文献

[1] 徐建强，韩广兵. 大学物理实验[M]. 北京：科学出版社，2020.

[2] 李宾中. 医学物理学实验教程(第 2 版)[M]. 北京：科学出版社，2016.

[3] 冀敏，陆申龙. 医学物理学实验[M]. 北京：人民卫生出版社，2009.

[4] 黄义清，李斌，周有平. 大学物理实验教程[M]. 北京：电子工业出版社，2016.

[5] 薛康，计晶晶. 医用物理学实验[M]. 北京：高等教育出版社，2016.

[6] 林伟华. 大学物理实验[M]. 北京：高等教育出版社，2017.

[7] 王红理. 大学物理实验[M]. 陕西：西安交通大学出版社，2018.

自学提纲

1. 什么是直接测量？什么是间接测量？判断下列测量是直接测量还是间接测量.
   (1) 用天平测量物体的质量.
   (2) 用米尺测量某长方形的面积.
   (3) 用带有指针和读数刻度的电流表测量电路中的电流强度.
   (4) 用千分尺测量钢丝的横截面积.
   (5) 用量筒测量液体体积.
2. 什么是系统误差？什么是随机误差？两者各有什么特点？指出下列情况属于系统误差或随机误差.
   (1) 木制米尺弯曲所引起的误差.
   (2) 天平不等臂引起的误差.
   (3) 天平平衡时指针的停点重复几次都不同所引起的误差.
   (4) 做电学实验时电源不稳定引起的误差.
   (5) 水银温度计毛细管不均匀引起的误差.

3. 工厂生产的仪器经检定为合格品，用它测量会有误差吗？
4. 同一被测量的多次测量值，相互差异很小，说明测量的误差很小，对不对？
5. 如何解释测量的精密度、准确度和精确度？
6. 当测量次数 $n \to \infty$ 时，随机误差的分布呈现什么特点？为何多次测量可以减少随机误差？
7. 对某一物理量进行 n 次等精度测量，得到测量列 $x_1, x_2, \cdots, x_n$，真值 A 的最佳估计值如何计算？测量结果的离散程度如何表征？
8. 简述不确定度的概念、分类及引入不确定度的意义.
9. 测量结果的不确定度表达有何具体规范？下列结果表达都有错误，请改成规范形式.（置信概率都为 $P \approx 68.3\%$）
   (1) $L = (3.07 \pm 0.0288)\,\mathrm{cm}$；
   (2) $L = 22.5\ \mathrm{km} \pm 200\ \mathrm{m}$；
   (3) $Y = (1.945 \times 10^{11} \pm 5.782 \times 10^{9})\,\mathrm{N \cdot m^{-2}}$；
   (4) $q = (1.61248 \pm 0.28765)\,\mathrm{C}$；
   (5) $v = (346.256 \pm 0.846)\,\mathrm{m \cdot s^{-1}}$.
10. 某电阻的测量结果为 $R = (35.78 \pm 0.05)\,\Omega (P \approx 68\%)$，下列各种解释中哪个是正确的？
    (1) 被测电阻值是 35.73 Ω 或是 35.83 Ω；
    (2) 被测电阻值在 35.73～35.83 Ω；
    (3) 在 35.73～35.83 Ω 范围内含被测电阻真值的概率约为 68%；
    (4) 用 35.73 Ω 表示被测电阻时，其测量误差的绝对值小于 0.05 Ω 的概率约为 68%.
11. 在物理实验中，为何测量值的有效数字不能随意确定？下列记录中，按有效数字要求哪个是正确的？
    (1) 用温度计（分度值为 1℃）测温度（　　）.
    (A) 68℃　　(B) 68.4℃　　(C) 68.58℃
    (2) 用一级千分尺（允差为 0.004 mm）测量钢丝直径（　　）.
    (A) 0.5 mm　　(B) 0.52 mm　　(C) 0.520 mm　　(D) 0.528 4 mm
    (3) 下列记录中正确的是（　　）.
    (A) 28 cm = 280 mm　　(B) 550 cm = 5.5 m
    (C) 340 cm = 3.40 m　　(D) $150\ \mathrm{cm} = 1.5 \times 10^2\ \mathrm{cm}$
12. 间接测量结果需要通过运算才能得到，试问运算结果的有效数字如何取舍？按有效数字运算规则计算下列各式.
    (1) $3.6 + 57.345$；
    (2) $67.74 - 3.234$；
    (3) 57.8×3.2306；
    (4) $57.83 + 2.3$；
    (5) 36.73^2；
    (6) $\sqrt{2746.7}$；
    (7) $120.0 + \dfrac{100.0 \times (5.6 + 4.412)}{78.00 - 77.0}$.
13. 用单摆测量重力加速度 g，数据如下，试求重力加速度的测量值和不确定度，并写出测量结果.

单摆长度 L/cm	53.8	61.5	71.2	81.0	89.5	95.5	105.6	112.5
周期 T/s	1.46	1.57	1.70	1.81	1.90	1.97	2.06	2.13

14. 实验中常用的数据处理方法有哪些？作图法有何具体规则？请按上题数据，根据作图规则，以 L 为横轴、T^2 为纵轴作直线，并根据作图法求重力加速度.
15. 什么是最小二乘法的线性拟合原理？如何计算斜率和截距？相关系数有何含义？

第2章

物理实验基本仪器

物理实验中使用力学、电学、热学、光学等各类仪器，本章仅介绍一些最基本的常用仪器，其他仪器将在其后各实验中进行具体介绍.

2.1 力学基本仪器

力学最基本的量有长度、质量和时间. 本节介绍测量这三个基本量的常用仪器.

2.1.1 游标卡尺

游标卡尺是一种常用的测量长度的精密仪器，可用来测量物体的长度、孔深和直径等.

游标卡尺主要由主尺D和游标(副尺)F两部分组成，如图2-1-1所示. 游标紧贴着主尺滑动，外量爪A，B用来测量物体的长度、外径；内量爪A′，B′用来测量物体的内径或内部长度；尾尺C用来测量孔或槽的深度；固定螺丝K用来固定游标，便于读数. 使用游标卡尺时，应特别注意保护内、外量爪不被磨损，卡住待测物体时，松紧要适当.

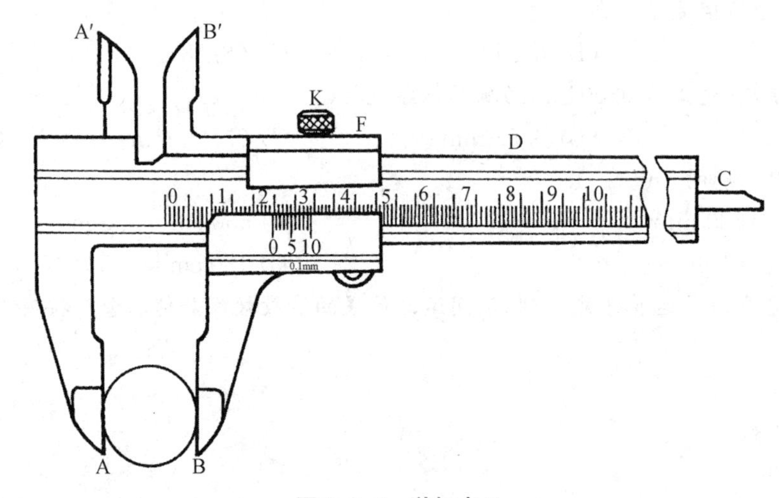

图2-1-1 游标卡尺

为了提高游标卡尺的精度，在主尺上附有一个可以沿主尺移动的游标. 以游标来提高测量精度的方法，不仅用在游标卡尺上，而且还广泛地用于其他仪器上. 尽管游标的长度不同，它上面的分度格数不一，但基本原理与读数方法是一样的. 下面以10分度的游标卡尺为例，简单说明其原理，20分度、50分度游标卡尺的原理与此相仿.

所谓10分度游标卡尺，就是将游标进行10等分，使其总长等于主尺的9个最小分格的长度，如图2-1-2所示. 当卡尺的量爪合拢时，游标的零刻度线与主尺的零刻度线对齐，游标上的第10根刻度线与主尺的第9根刻度线对齐，如果主尺的最小分度值为1 mm，显然，游标的最小分度值就是0.9 mm，即主尺上每小格与游标上每小格相差0.1 mm.

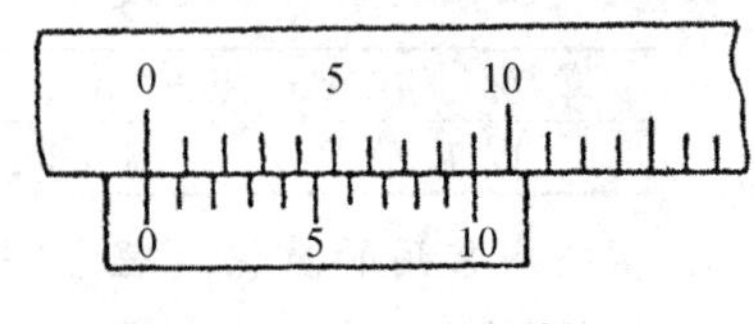

图2-1-2 10分度游标

对于一般情况，若游标上有 n 个分格，它的总长度与主尺上 $n-1$ 个最小分格的总长度相等，主尺的最小分度值为 a，则游标的最小分度值 b 为

$$b=\frac{(n-1)a}{n}.$$

主尺的最小分度值与游标的最小分度值的差值 δ 为 $\frac{a}{n}$.

这个差值 δ 称为游标卡尺的分度值，也称游标的精度. 游标卡尺的仪器误差一般就是它的精度. 当主尺与游标的零刻度线对齐时，游标上第 k 根刻度线与主尺上第 k 根刻度线相距为 $k\delta$. 显然，若此时游标向右移动 δ，则游标、主尺上第 1 根刻度线对齐；游标向右移动 2δ，则游标、主尺上第 2 根刻度线对齐，以此类推. 因此，测量某物体的长度 l 时，若游标零刻度线所对应的主尺的整数刻度值为 l_0，如图 2-1-3 所示，那么，Δl 可根据游标上第 k 根刻度线与主尺刻度线对齐而求得

$$\Delta l=k\frac{a}{n}=k\delta.$$

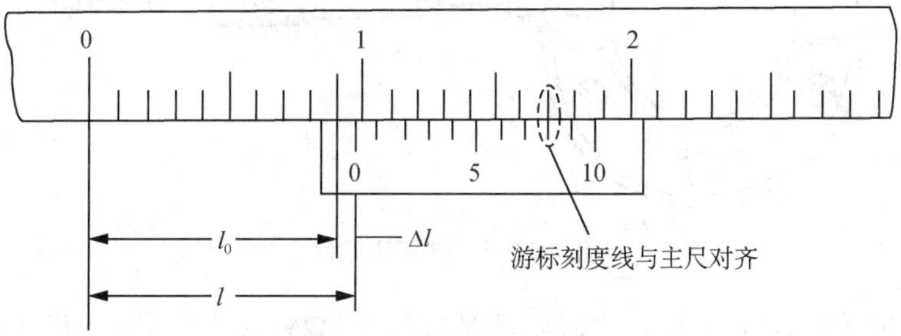

图 2-1-3　游标卡尺读数举例

因此，物体的长度为 $l=l_0+\Delta l$.

根据图 2-1-3 的具体刻度读数，可以看出，游标零刻度线所对应的主尺的整数刻度值为 $l_0=9\text{ mm}$，游标上第 8 根刻度线与主尺刻度线对齐，即 $\Delta l=8\times\frac{1}{10}\text{ mm}=0.8\text{ mm}$，因此，物体的实际长度为

$$l=l_0+\Delta l=9\text{ mm}+0.8\text{ mm}=9.8\text{ mm}.$$

实际上，游标卡尺的分度值(即精度)在卡尺上已标明，具体测量时，可直接读取测量值.

在游标卡尺上所用的游标称为直游标. 在物理实验仪器中，还常见到另一种游标，称为角游标. 分光计上的读数装置就是角游标，其原理与直游标原理相似，需要注意的是，角游标一般是以角度的单位——度、分、秒来刻度的.

角游标是附在圆刻度盘(弧形主尺)上的小弧尺，它可沿着圆刻度盘同轴转动. 如图 2-1-4 所示，根据游标原理，此角游标的精度 θ 为

$$\theta=\frac{\text{主尺的最小分度值}}{\text{角游标的分格数}}=\frac{30'}{30\text{ 格}}=1'/\text{格}.$$

读数方法与直游标相同，在图 2-1-4 中，读数为 $7°13'$.

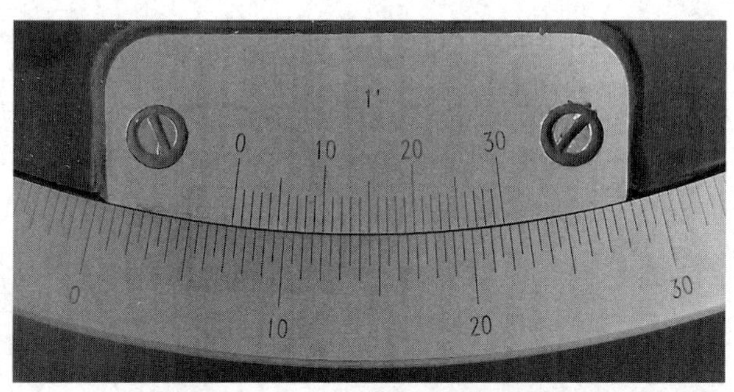

图 2-1-4　角游标读数举例

2.1.2 螺旋测微计

螺旋测微计又称千分尺，它是比游标卡尺更精密的测量仪器，常用于测量细丝和小球的直径以及薄片的厚度等.

螺旋测微计的外形如图 2-1-5 所示. 它由尺架 G、测微螺杆 A、测砧 E、固定套筒 D、微分筒 C、棘轮旋柄 K、锁紧装置 F 等组成. 微分筒的刻度通常一圈为 50 分格，也有 25 分格和 100 分格的. 现以 50 分格的微分筒为例，其测微螺杆的螺距为 0.5 mm，每旋转一格时，它沿轴线前进或后退 $\frac{0.5}{50}$ mm=0.01 mm，由此可见，该螺旋测微计的分度值为 0.01 mm. 一般情况下，若微分筒的分格数为 N，测微螺杆的螺距为 a，则螺旋测微计的分度值为 $\frac{a}{N}$.

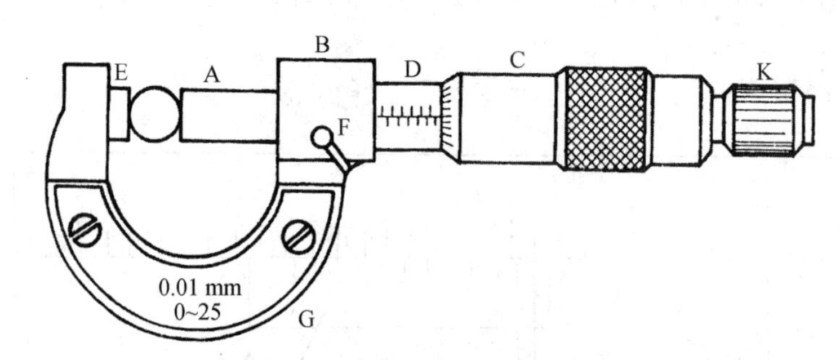

图 2-1-5　螺旋测微计

测量物体之前，应先检查零位置，即轻轻转动微分筒，在螺杆接近测砧时，转动棘轮旋柄，使螺杆缓慢前进，当螺杆刚好与测砧接合时，可听到"咯咯"声响，即停止转动棘轮，此时，微分筒上的零刻度线应对准固定套筒上的水平线. 如果未对准，就应读出初读数 d_0，当微分筒上的零刻度线在固定套筒的水平线之上时，初读数 d_0 为负值，反之为正值. 实际测量值根据初读数进行修正，如测量读数为 d，则实际测量值应修正为 $d-d_0$.

在测量时，从固定套筒上读取 0.5 mm 以上的部分，从微分筒上读取余下尾数部分，需估读一位(估计到最小分度的 1/10，即 $\frac{1}{1\,000}$ mm)，然后两者相加. 例如，图 2-1-6(a)中读数为 5.155 mm；图 2-1-6(b)中读数为 5.655 mm.

使用螺旋测微计时，应注意以下几点：

(1) 检查零位置，记录初读数 d_0，并对测量读数进行修正.

(2) 检查零位置或进行测量时，应注意避免测砧与测微螺杆过分压紧而损坏螺纹，应轻轻转动棘轮旋柄，待发出"咯咯"声响时，即可进行读数.

(3) 测量完毕后，应使测砧和测微螺杆间留出一点间隙，以免因热膨胀而损坏螺纹.

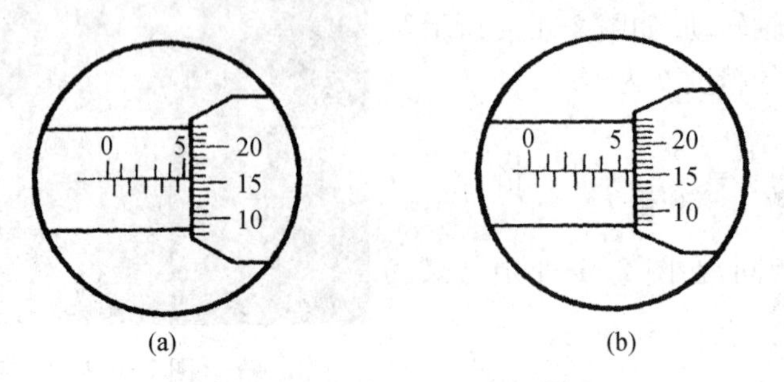

图 2-1-6　螺旋测微计读数举例

2.1.3　物理天平

物理天平是利用杠杆原理制成的称衡物体质量的仪器，其外形如图2-1-7所示.

1. 技术指标

(1) 最大称量：允许称衡的最大质量.

(2) 分度值：天平平衡时，使指针C产生一小格的偏转在一端需加(或减)的最小质量. 分度值的倒数称为灵敏度，分度值越小，天平的灵敏度越高.

2. 操作步骤

(1) 水平调节. 用天平称物以前，应调节底脚螺丝F和F′，使水准泡J(水中气泡)居中，以保证支柱B铅直. 任何调节工作不应是盲目的，随意调节螺丝可能碰巧达到水平要求，但不能说已掌握了调节的技能，调节过程中，应多思考，做到有目的地进行调节.

(2) 零点调节. 先把游码D拨到刻度“0”处，顺时针旋转制动旋钮G，支起横梁A，观察指针C摆动情况，若指针指“0”或在标尺S的“0”点左右做等幅摆动，则天平已处于平衡状态. 如不平衡，调节平衡螺母E或E′，使之平衡. 调节过程应做到不盲目.

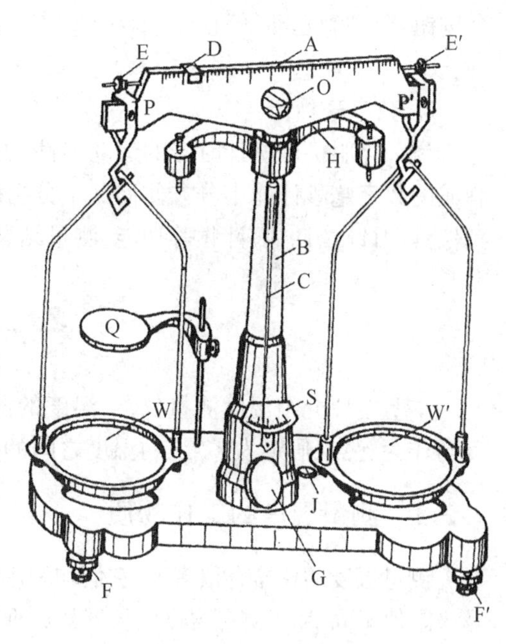

图2-1-7　物理天平

(3) 称衡. 将待测物体放在左边秤盘W内，砝码加在右边秤盘W′内，根据需要适当加减砝码，适当移动横梁上的游码，当天平平衡时，待测物体的质量就等于砝码的质量与游码所指值(包括估读的一位数字)之和.

注：测量物体质量时，如果要求的精度较高，就应采取一些特殊的称衡方法. 复称法是其中较简单的一种. 该方法将待测物体在同一天平上称衡两次，一次放在左盘上，另一次放在右盘上(当待测物体放置于右盘时，待测物体质量等于砝码质量与游码所指值之差)，如称出的质量分别为m_1，m_2，则物体的质量为$m=\sqrt{m_1m_2}$. 复称法能消除不等臂所引起的误差.

3. 注意要点

(1) 使用天平前，应注意横梁左边和右边的标记. 通常，左边标有“1”，右边标有“2”，挂钩和秤盘也标有“1”“2”字样，左右分清，不可弄错，要轻拿轻放，避免刀口受冲击.

(2) 不允许用天平称衡超过该天平最大称量的物体.

(3) 天平的横梁上有三个刀口O，P，P′，应注意保护好这三个刀口，在调节平衡螺母、取放物体、加减砝码、移动游码及不用天平时，必须放下横梁，只有判断天平处于平衡时才支起横梁. 天平使用完毕，应将秤盘摘离刀口.

(4) 砝码应用镊子取放，请勿用手. 用完随即放回砝码盒内，不同精度级别的天平配用不同等级的砝码，不能混淆.

2.1.4　计时仪器

1. 秒表(停表)

秒表(也称停表)有各种规格，机械型的秒表一般有两根针：长针是秒针，短针是分针. 表面上的数字分别表示秒和分的数值，这种秒表的分度值一般是0.2 s或0.1 s.

秒表上端有可旋转的按钮，用以旋紧发条及控制秒表的走动和停止. 使用前，先旋紧发条. 测量时，用手握住秒表，大拇指按在按钮上，稍用力按一下，秒表立即走动. 当需停止时，可再按一下. 按第三次时，秒针和分针都回复到零．有些秒表可以连续累计计时．

除了机械秒表外，现在还常用电子秒表．它由表面上的液晶显示时间，常用的J9-1型电子秒表有三个按钮，分别为起动/停止（start/stop）按钮、复零（reset）按钮及状态选择按钮，可作计时、闹时、秒表三种选择．

2. 数字毫秒计

为了克服机械型计时器的运动惯性，可利用电磁振动的周期性规律来测量时间．利用电磁振动原理制成的数字毫秒计能十分方便而又十分精确地测量时间，同时还能集多种测量功能于一体，例如某些计频仪具有计时、计数、计频等功能，测量结果用5位荧光数码管显示输出．

2.2 热学基本仪器

本节主要介绍温度测量仪器．温度的测量，实际上测量的是温度之差或温度的间隔，也即物体的温度与作为起点（假定为零点）的温度之间的差．

2.2.1 测量温度的工作物质

测量温度的仪器有很多种，它们均利用了某种物质随本身热状态的改变而变化的性质．被测温度范围及极限值不同，用于测量温度的仪器的原理也各有不同．目前，温度测量仪器利用了物体的下列几种性质：

（1）物体的体积随温度而变化，可制成液体温度计和气体温度计．

（2）热电元件电动势的激发随温度而变化，可制成各种热电偶．

（3）物体的电阻值随温度而变化，可制成各种电阻温度计．

（4）利用物体热辐射来测量温度，如光测高温计等．

在温度测量范围方面，通过对原子核进行绝热去磁，低温已达到10^{-7} K的数量级，人们已在向绝对零度进军．高温测量方面利用现代光测高温计可测量6 000℃以上的温度，人类能控制的最高温度已达5×10^{7}℃．

2.2.2 常用的几种测温仪器

1. 液体温度计

液体温度计的测温物质主要有水银、酒精、煤油等，其中，水银温度计应用最广．水银不粘着玻璃，在标准大气压下，水银在－38.87℃～＋356.58℃都保持液态，其膨胀系数变化很小，因此测温相对准确．但是水银价格较昂贵，且具有毒性，一旦泼撒容易造成污染．

2. 热电偶（也称温差电偶）

热电偶测温利用了温差电动势与温差的关系．

热电偶由两种不同的金属（或合金）的两端焊接成一闭合回路而成，如图2-2-1所示．若两接点处温度不同，则回路中会产生温差电动势．温差电动势的大小只与组成热电偶的材料及温差有关，而与热电偶的大小、长短等无关．温差电动势E与温差$t-t_0$的关系可近似地表达为

$$E=C(t-t_0).$$

式中　t——热端温度；

t_0——冷端温度；

C——温差系数（或电偶常数），表示温差为1℃时的电动势，其大小由组成热电偶的材料性质决定．

热电偶温差电动势与温差之间的单值关系，使热电偶测温成为可能．为此，先要进行热电偶的分度，通常t_0为冰点，使t为一系列的特定温度，用电位差计测出各温差相应的电动势，并以此列出电动势与

温差的对照表或关系曲线. 这样,在冷端仍为 t_0(进行分度时的温度)时,把热端放在待测温度处,测出相应的电动势(图 2-2-2),就可根据对照表或关系曲线确定热端温度 t(即待测温度).

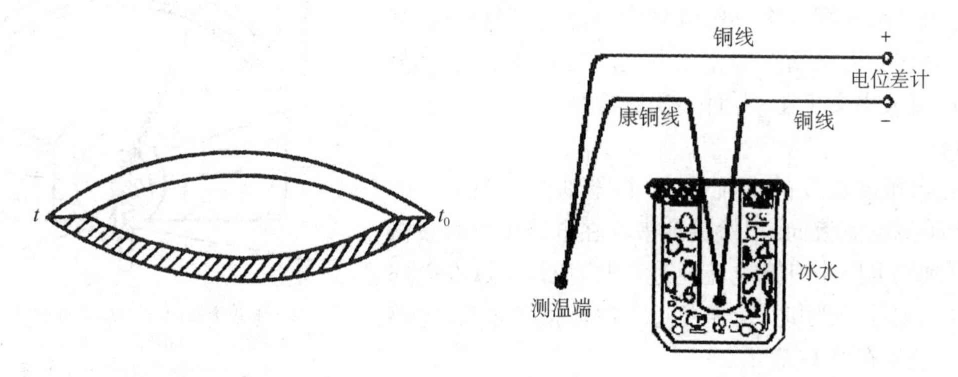

图 2-2-1　热电偶示意图　　图 2-2-2　热电偶测温示意图

热电偶测温的优点:测温范围广,灵敏度高.

3. 电阻温度计

电阻温度计包括金属电阻温度计和半导体温度计. 金属和半导体的电阻值都随温度的变化而变化,利用这个原理,可以制成各种电阻温度计. 常用的电阻温度计有铂电阻温度计和铜电阻温度计. 近年来,用半导体材料制成的热敏电阻应用越来越广. 热敏电阻的温度系数比金属材料大得多,因此提高了测温的灵敏度. 同时,热敏电阻体积小,测温探头可做得很小,不会带走被测物体的热量,使测量精度提高,测量时间缩短,但它的稳定性较差.

各种测温仪器都有相应的测量范围与误差,也各有利弊. 例如,液体温度计价格便宜,使用方便,但测温范围较小;热电偶的测温范围广,但精度一般不高;电阻温度计测温精度高,但它不能测高温;光测高温计无需与被测物体接触,但只能测高温;等等. 近年来,温度计在向小型化、轻便化、数字化发展. 随着科学技术的发展,各种新型的温度计也不断出现. 例如,磁纳米温度计通过测量磁纳米粒子在磁场中的磁化响应信息反演得到温度信息,从而实现非侵入式温度测量.

2.3　电学基本仪器

电学仪器是组成电路的基本仪器,实验室中常用的电学基本仪器主要有电源、电表、电阻等. 本节将作简要介绍.

2.3.1　电源

电源分为直流、交流两类.

(1) 直流电源. 电路图中一般以 DC 表示. 目前,实验室常用的是晶体管稳压电源和干电池. 干电池体积小,重量轻,便于携带,使用方便,但容量较小,适用于耗电少的实验. 晶体管直流稳压电源的电压稳定性好,内阻低,功率大,使用方便,只要接到 220 V 交流电源上,即能获得直流输出的电压. 使用时,应注意它所能输出的电压值和允许的最大电流,严禁超载. 另外,应注意极性,不能接错,切忌短路,以保证所用仪器安全正常工作.

(2) 交流电源. 电路图中一般以 AC 表示. 实验室中常用的交流电源是 220 V, 50 Hz,欲获得 0～250 V 连续可调的电压,常用调压变压器(也称自耦变压器). 调节调压变压器,可将输入的 220 V 交流电压转变为 0～250 V 连续可调的交流电压. 交流电源的主要技术指标有容量和最大允许电流.

2.3.2　直流电表

物理实验常用的电表为磁电式电表,其结构如图 2-3-1 所示.

直流电表的工作原理如下：将一个可以自由转动的线圈放在永久磁铁的磁场内，线圈通电时，受磁力矩作用而转动，同时，弹簧游丝又给线圈一个反向恢复力矩，使线圈平衡在某一角度，固定在线圈上的指针静止于电表的某一刻度上，其偏角与线圈内电流大小成正比，表面分度呈线性.

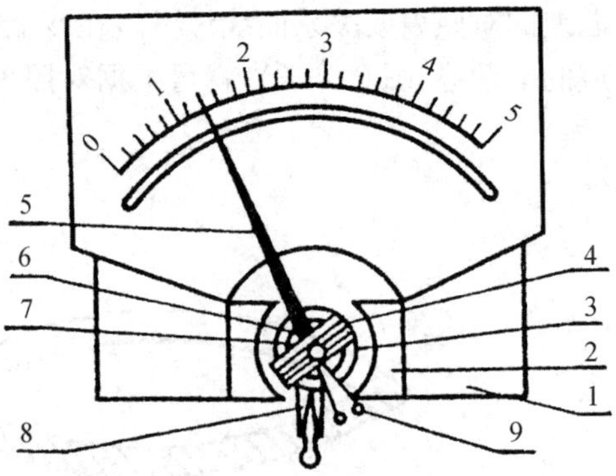

1—永久磁铁；2—极掌；3—圆柱形铁芯；4—线圈；5—指针；6—游丝；7—半轴；8—调零螺杆；9—平衡锤

图 2-3-1　磁电式直流电表的结构

1. 检流计

检流计是灵敏度较高的直流电表，其零刻度一般位于表面中央，便于检测电流流向. 把检流计串联在电路中可测量微小电流，也可判别电路中有无电流通过；把检流计并联在电路中，可作微电压测量. 使用时，应避免过大电流损坏表头. 电路图中检流计一般用符号 G 表示.

检流计的主要参数有：

(1) 内阻 R_g：线圈的电阻值；

(2) 灵敏度 S：指针偏转一格所需的电流值；

(3) 满偏电流 I_g：指针偏转满刻度时线圈所通过的电流值.

2. 直流电流表

直流电流表是由表头与分流电阻并联而成的，通常把它串联在电路中测量电流. 按所测电流大小，直流电流表可分为微安表、毫安表、安培表等.

直流电流表的主要参数有：

(1) 内阻 R_i：表头内阻与分流电阻并联的电阻值；

(2) 量程 I_i：电流表指针达到满刻度时的电流值.

3. 直流电压表

直流电压表是由表头与分压电阻串联而成的，通常把它并联在电路中测量电压. 按所测电压大小，直流电压表可分为微伏表、毫伏表、伏特表和千伏表等.

直流电压表的主要参数有：

(1) 内阻 R_i：表头内阻与分压电阻串联的电阻值；

(2) 量程 U_i：电压表指针达到满刻度时的电压值；

(3) 电压灵敏度 S：表头满刻度电流的倒数，即 I_g^{-1}，其单位是 $\Omega \cdot V^{-1}$，由它可算出量程为 U_i 时电压表的内阻 $R_i = SU_i$.

4. 直流电表使用方法及注意事项

(1) 注意电表极性. 接线柱旁标有"＋""－"极性，"＋"表示电流流入端，"－"表示电流流出端，接线时，切不可把极性接错，以免损坏.

(2) 正确连接电表. 电流表必须串联到电路中，电压表应与被测电压的两端并联.

(3) 合理选择量程. 根据待测电流或电压的大小，选择合适的量程. 若量程太小，电表指针超出满格将损坏指针甚至烧坏整个线圈；若量程太大，指针偏转太小，读数不准确. 一般来说，量程的选择应在不超出满格的范围内使指针偏转程度尽可能大. 使用时，应先估计待测量的大小，再确定合适的量程. 在不知道待测量的范围时，应先试用最大量程，根据指针偏转情况，再改用合适量程.

(4) 读数避免视差. 读数时，应正确判断指针位置. 为了减少视差，读数时，必须使视线垂直于刻度表面. 精密的电表在刻度尺旁附有镜面，当指针与它在镜中的像重合时，指针对准的刻度才是电表的正确读数.

(5) 读数时，应注意有效数字. 在物理实验中，测量的物理量一般都是有效数字. 电表上的读数同样也是有效数字，它应该由可靠数字与可疑数字两部分组成. 对于单量程电表来说，连同前面可靠部分，读出刻度的估计部分，两者就组成了有效数字. 对于多量程电表来说，由于电表的面板刻度只可能有 1～2 种刻度，因此一般要进行换算. 如何确定读数的有效数字位数，应引起重视. 多量程电表的最大允差

$\Delta_{仪}$＝量程×精度等级％. 使用电表前，要认真阅读该电表的使用说明书.

2.3.3　电阻

1. 电阻箱

旋转式电阻箱面板如图 2-3-2(a)所示. 它是由电阻温度系数较小的锰铜丝绕制的标准电阻串联而成，其内部电路示意图如图 2-3-2(b)所示. 旋转电阻箱上的旋钮，可得到不同的电阻值，图 2-3-2(a)中各旋钮所处位置表示的总电阻为 87 654.3 Ω，由“0”与“99 999.9 Ω”两接线柱引出. 若电路中仅需“0～9.9 Ω”或“0～0.9 Ω”的电阻，则分别由“0”与“9.9 Ω”或“0”与“0.9 Ω”两接线柱引出. 这样可以避免电阻箱其余部分的接触电阻和导线电阻给低电阻带来的误差.

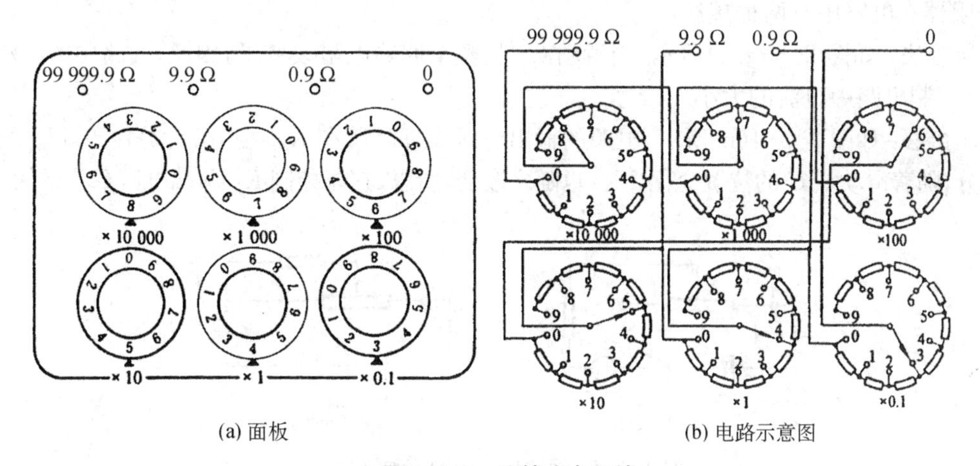

(a) 面板　　(b) 电路示意图

图 2-3-2　旋转式电阻箱

电阻箱的技术指标有：

(1) 总电阻：即最大电阻值，如图 2-3-2(a)所示电阻箱的总电阻为 99 999.9 Ω.

(2) 额定功率(或额定电流)：指电阻箱中每只电阻的功率额定值(或允许通过的最大电流). 使用时，为了确保示值的准确性和仪器的安全，不得超过其额定功率(或额定电流). 若将一电阻箱的几档联用，额定电流应取各档额定电流中的最小值. 例如，某一电阻箱的额定功率 $P_{m}=0.25$ W，可由它算出每只电阻的额定电流，当用 100 Ω 档的电阻时，额定电流为

$$I=\sqrt{\frac{P_{m}}{R}}=\sqrt{\frac{0.25}{100}}\text{ A}=0.05\text{ A}.$$

同理，用 1 000 Ω 档的电阻时，额定电流为 0.015 A；当电阻箱示值为 2 500 Ω 时，它的额定电流仍为 0.015 A. 使用时，不允许超过额定电流，否则会使电阻器过热甚至烧坏. 电阻箱的铭牌上均标出了各档的额定电流值.

(3) 电阻箱的精度等级：电阻箱的精度等级一般分为 0.02，0.05，0.1 和 0.2 四级，表示电阻值的相对误差，若精度等级为 0.1 级，则它的相对误差为 0.1％，其对应的电阻值的最大允差为

$$\Delta R=\text{电阻示值}\times\text{精度等级}\%.$$

2. 滑线变阻器

电阻箱的缺点是只能分档地改变电阻值，滑线变阻器则可连续改变电阻值. 常用的滑线变阻器的外形结构如图 2-3-3(a)所示，图 2-3-3(b)是它的原理示意图.

在瓷管上绕了一层电阻丝，丝的两端与接线柱 A，B 相连，滑动头 C 与电阻丝紧密接触，滑动时，能改变引出电阻值的大小，其技术参数主要有：

(1) 全电阻值：A，B 两端的电阻值；

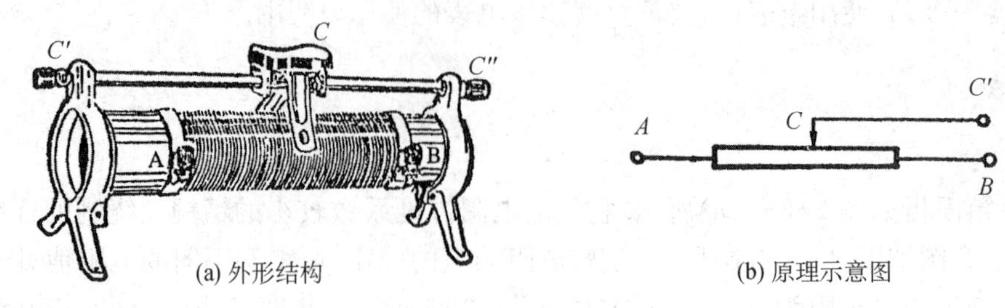

(a) 外形结构　　(b) 原理示意图

图 2-3-3　滑线变阻器

（2）额定电流：允许通过的最大电流.

滑线变阻器在电路中有两种接法：

（1）限流接法：如图 2-3-4(a)所示，当滑动 C 时，整个回路电阻改变了，因此，回路中的电流也改变了，所以它能控制电路中电流的大小.

（2）分压接法：如图 2-3-4(b)所示，电源的输出电压全部降落在 R_{AB} 上，C 为分压点，U_{BC} 可以看作 U_{AB} 的一部分，随着滑动头 C 的位置变化，U_{BC} 也随之改变，所以，它能控制 R_{L} 两端电压 U_{BC} 的大小.

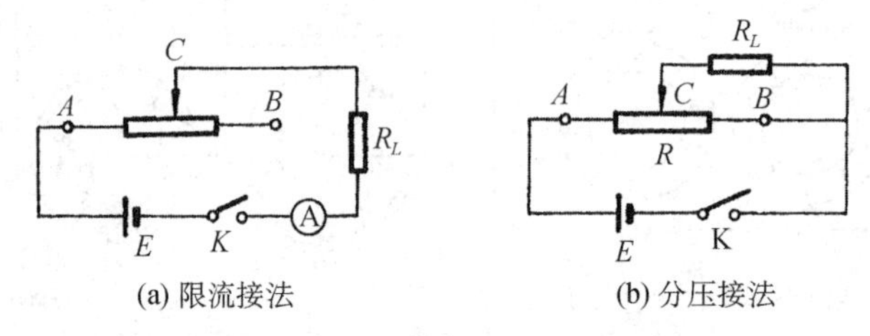

(a) 限流接法　　(b) 分压接法

图 2-3-4　滑线变阻器的两种接法

必须注意，在限流接法中，滑动头 C 应事先放在 B 端，使回路中电流最小. 在分压接法中，滑动头 C 应事先放在 B 端，使分压值 $U_{BC}=0$.

2.3.4　常用电器元件符号表

常用电器元件符号如表 2-3-1 所示.

表 2-3-1　常用电器元件符号表

名称	符号	名称	符号
直流电源（干电池、蓄电池、晶体管直流稳压电源）		电解电容器	
220 V 交流电源	220V	可变电容器	
可变电阻		电感线圈	
固定电阻		有铁芯电感线圈	
滑线变阻器		单刀开关	
电容器		双刀双掷开关	

续表

名称	符号	名称	符号
换向开关	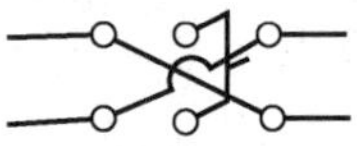	导线交叉连接	
按钮开关		导线交叉不连接	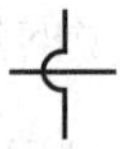
二极管		变压器	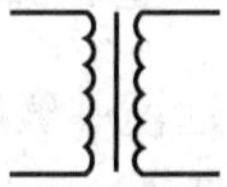
稳压管		调压变压器	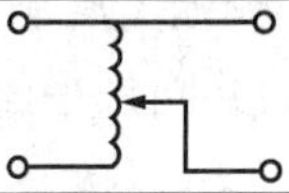

2.4　光学基本仪器

2.4.1　光学仪器基本知识

1. 透镜成像规律

透镜成像规律是构成光学仪器的基础. 对于薄透镜和近轴光线，透镜成像公式如下：

$$\frac{1}{u}+\frac{1}{v}=\frac{1}{f}.$$

式中　u——物距；

v——像距；

f——透镜焦距.

2. 人眼观察物体的简单原理

光学仪器有独特的优点，其基本作用是帮助观察，扩展人眼的观测范围，提高敏锐程度. 多数光学仪器都可以看作眼睛的辅助工具，因此，在熟悉基本光学仪器之前，有必要了解人眼观察物体的简单原理.

在光学实验中，往往要用眼睛来观察许多光学现象. 眼睛的结构相当复杂，但从光学原理上来说，眼球里的水晶体相当于一个凸透镜；视网膜相当于一个成像屏幕. 如果要看清外界物体，则必须使物体发出的光射入眼睛，经水晶体后在视网膜上成一实像，再通过视神经引起视觉. 水晶体到视网膜之间的距离可以近似地看作不变(即像距 v 不变)，所以，能够看清远近不同的物体(即物距 u 不同)，是靠肌肉的松弛或张紧来调节水晶体的曲率，从而调节焦距 f，使其满足 $\frac{1}{u}+\frac{1}{v}=\frac{1}{f}$.

眼睛的水晶体改变曲率的过程称为“调焦”，眼睛的“调焦”有一定限度，长时间观察而不感到疲倦的最短距离是离眼睛 25 cm 处，称为“明视距离”. 正常眼睛能看到的最远距离在无限远处，但是，对很远的物体实际上无法看清楚，这是因为用眼睛直接观察时，要使两个点被眼睛区分开来，必须使它们的像落在两个不同的感光细胞上，因此，这两个点对观察者眼瞳的张角(称为“视角”)必须大于某一数值. 眼睛可分辨清楚的最小视角约为 $1'$，称为“最小分辨角”，这相当于在明视距离处相距 0.07 mm 的两点对眼睛所张的角. 我们借助光学仪器来观察细小物体的大小，往往就是为了增大被观察物体的视角.

2.4.2　放大镜

利用短焦距凸透镜制成的放大镜是最简单的光学仪器，用放大镜可观察近而细小的物体，例如检查表面的光洁度,帮助看游标细微的刻度等.放大镜的作用就是增大视角.设某物体放在明视距离处,眼睛的视角为 θ_0,使用放大镜后,假定成像仍在明视距离处,此时,眼睛的视角增大为 θ,则放大镜的放大率为

$$M=\frac{\theta}{\theta_0}=\frac{25(\mathrm{cm})}{f(\mathrm{cm})}.$$

放大镜的焦距越短,放大率越高.

2.4.3 望远镜

望远镜一般用来观察远距离的物体,或者用来作为测量和对准的工具.望远镜由长焦距($f_{物}$)的物镜和短焦距($f_{目}$)的目镜所组成.望远镜物镜的像方焦点 F_1 与目镜的物方焦点 F_2 重合在一起,并且在它们的共同焦平面上安装叉丝或分划板,就可清晰地观察物体并进行测量.其光路如图 2-4-1 所示.

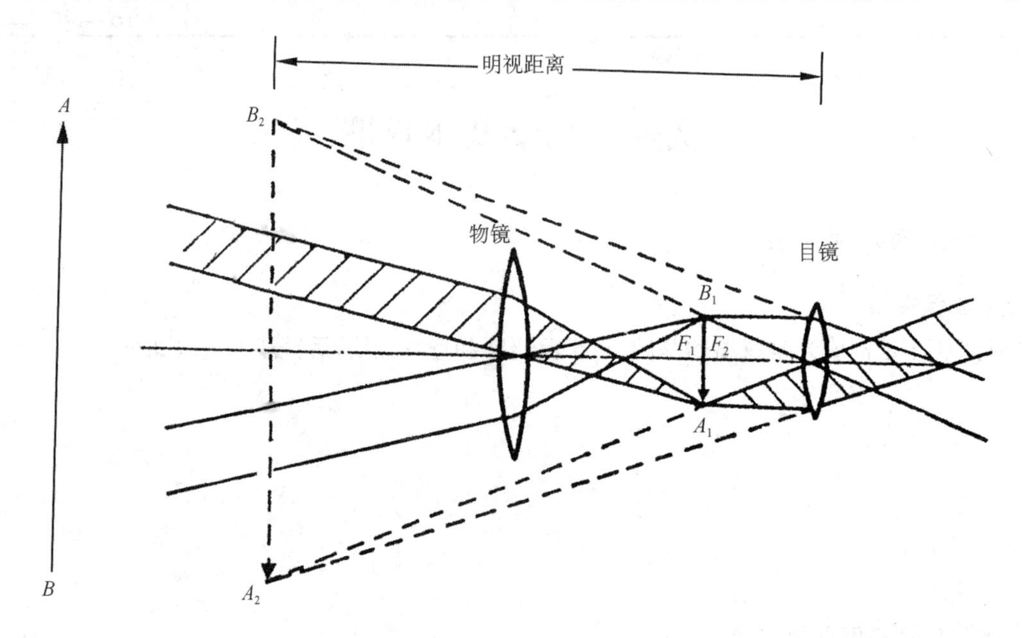

图 2-4-1 望远镜光路图

物镜的作用在于使远处的物体 AB 在其焦平面附近形成一个缩小而移近的倒立实像 A_1B_1,然后再用眼睛通过目镜去观察这个由物镜形成的像,从而看到一个放大、倒立的虚像 A_2B_2.目镜的作用与放大镜相同,望远镜的放大率(放大倍数)为

$$M=\frac{f_{物}}{f_{目}}.$$

实验室中最简单的望远镜的一般调节方法如下:

(1) 旋动目镜,即改变目镜与叉丝之间的距离,使在目镜视场中能清晰地看到叉丝;

(2) 目镜与叉丝所组成的目镜筒从物镜筒中缓缓推进或拉出,使在目镜视场中能清晰地看到被观察的物体;

(3) 消除视差,当视线上下移动时,从望远镜中观察到的叉丝与被观察物体若有明显偏移,则称为有视差,此时,应仔细调节物镜与目镜的相对位置,直到消除视差为止.

2.4.4 显微镜

显微镜用以观察细小物体,也由物镜和目镜组成,物体 AB 放在物镜焦点 F_1 外不远处,使物体成一放大的实像 A_1B_1,此实像落在目镜焦点 F_2 内靠近焦点处,其光路如图 2-4-2 所示.目镜相当于一个放

大镜，将物镜形成的中间像 A_1B_1 再放大成一虚像 A_2B_2，位于眼睛的明视距离处. 显微镜的放大倍数为

$$M=\frac{25d}{f_{物}f_{目}}.$$

式中，d 为显微镜的光学筒长，即物镜后焦点 F_1' 到目镜前焦点 F_2 之间的距离.

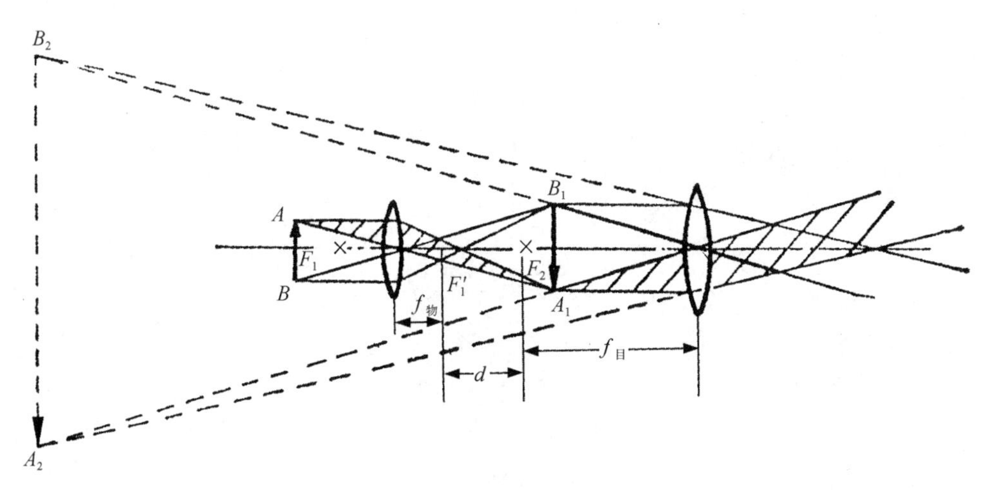

图 2-4-2　显微镜光路图

2.4.5　常用光源

实验室常用光源有钠灯、汞灯和 He-Ne 激光器等.

1. 钠灯和汞灯

钠灯和汞灯都是以金属(Na 或 Hg)蒸气在强电场中发生游离放电现象为基础的弧光放电灯.

在额定供电电压下，钠灯发出波长为 589.0 nm(纳米)和 589.6 nm 的两种单色黄光，具体应用时，这两种单色黄光波长较接近，一般不易区分，故常以它们的平均值 589.3 nm 作为黄光的波长值.

汞灯有低压汞灯与高压汞灯之分，实验室中常用低压汞灯，其外形与钠灯相同. 低压汞灯正常点燃时发出青紫色光，主要包括五种单色光，它们的光波波长分别为 579.0 nm(黄)，577.0 nm(黄)，546.1 nm(绿)，435.8 nm(蓝)，404.7 nm(紫)，用光栅分光，可方便地观察这些不同颜色的光. 若在光路中配以不同的滤色片，则可获得纯度较高的单色光.

使用时，灯管必须与一定规格的镇流器(限流器)串联后才能接到电源上，镇流器在触发点燃后起限制电流的作用，保护灯管不被烧坏. 灯管点燃后，一般要等 10 min 甚至 30 min，发光才趋稳定；灯管熄灭后，若想再次点燃，则必须等灯管冷却. 此外，由于 Na 蒸气和 Hg 蒸气属有毒有害气体，故不能随意丢弃废旧灯管，而应根据有关规定作适当处理.

2. He-Ne 激光器

He-Ne 激光器是一种单色光源，具有单色性强、发光强度大和方向性好等优点，光波波长为 632.8 nm，呈橙红色. 它发出的激光输出功率为几毫瓦到几十毫瓦，由于激光管两端加有高压(1 500～8 000 V)，操作时应严防触及，避免电击事故. 由激光管射出的激光束，光波能量集中，故切勿迎着激光束直接观察激光，未扩束激光将造成人眼视网膜的永久损伤.

自学提纲

1. 试述游标卡尺、螺旋测微计和物理天平的结构、原理、使用方法以及使用时的注意事项.
2. 常用的测温仪器有哪几种？试述它们的测温原理.
3. 简述磁电式直流电表的工作原理. 使用各类直流电表时应注意哪几点？

4. 物理实验中使用的电阻一般有哪两类？试述这两类电阻的结构、特点以及使用时的注意事项.
5. 试述人眼观察物体的简单原理.
6. 简述放大镜、望远镜和显微镜的工作原理.
7. 简述实验室常用光源的类型、特点以及使用时的注意事项.

第3章
基本实验

3.1 物体密度的测定

【实验目的】

(1) 掌握测量固体密度的一种方法.

(2) 掌握游标卡尺、螺旋测微计和物理天平的使用方法.

(3) 熟悉测量结果的不确定度评定方法.

【实验原理】

密度是物质的基本属性之一,在工业上常常通过物质密度的测定而对物质作成分分析和纯度鉴定.物体的密度 ρ 等于物体的质量 m 和它的体积 V 之比,即

$$\rho=\frac{m}{V}. \tag{3-1-1}$$

测出物体质量 m 和体积 V 后,可间接测得物体的密度 ρ.

当待测物体为固体且形状是规则几何体时,其质量可用物理天平准确地进行测量,而体积可以用游标卡尺和螺旋测微计通过测量它的外形尺寸而间接测得.例如,待测物体是一个直径为 d、高为 h 的圆柱体,其体积为

$$V=\frac{1}{4}\pi d^2 h. \tag{3-1-2}$$

将式(3-1-2)代入式(3-1-1)中,得此圆柱体的密度为

$$\rho=\frac{4m}{\pi d^2 h}. \tag{3-1-3}$$

由式(3-1-3)可见,只要测得圆柱体的质量 m、直径 d 和高度 h,就可算出圆柱体的密度 ρ.

【实验器材】

游标卡尺、螺旋测微计、物理天平、金属圆柱体.

【实验内容与步骤】

阅读以下内容前,应先仔细阅读本书 2.1 节的有关内容,了解游标卡尺、螺旋测微计和物理天平的构造与原理,并熟悉它们的使用方法.

(1) 用游标卡尺测量圆柱体的高度.在圆柱体的不同部位,测量它的高度,要求测 6 次.

(2) 用螺旋测微计测量圆柱体的直径.

① 检查螺旋测微计的零位置,要求检查 3 次,取中间值作为螺旋测微计的初读数 d_0.

② 在圆柱体的不同部位，测量它的直径，要求测6次.

(3) 用物理天平测量圆柱体的质量. 将圆柱体放在物理天平的左盘，称得其质量 m_1，再将圆柱体放在物理天平的右盘，称得其质量 m_2，则圆柱体的质量 $\overline{m}=\sqrt{m_1 m_2}$.

说明：以上称物方法叫复称法，能消除物理天平不等臂所引起的误差.

(4) 计算圆柱体的密度 $\overline{\rho}$.

(5) 计算密度的不确定度 $u(\rho)$，得出测量结果.

【注意事项】

(1) 对螺旋测微计的测量数据进行零点修正时，应注意初读数的正负，不要搞错.

(2) 必须严格地按照各仪器的使用方法进行测量，遵守各仪器使用时的注意事项，详见 2.1 节的相关内容.

【数据记录与处理】

1. 测量圆柱体的高度 h

测量圆柱体的高度 h，将数据填入表 3-1-1.

测量仪器：________；$\Delta_{仪}=$________.

表 3-1-1 高度数据表

次　数 n	1	2	3	4	5	6	平均值
高度 h/mm							

高度 h 的 A 类不确定度 $u_A(h)=$________；

高度 h 的 B 类不确定度 $u_B(h)=$________；

高度 h 的合成不确定度 $u(h)=$________；

测量结果：$h=\overline{h}\pm u(h)=$________$(P\approx 68.3\%)$.

2. 测量圆柱体的直径 d

测量圆柱体的直径 d，将数据填入表 3-1-2.

测量仪器：________；$\Delta_{仪}=$________.

表 3-1-2 直径数据表

次　数 n	1	2	3	4	5	6	平均值
直径 d/mm							

螺旋测微计的初读数 $d_0=$________；修正后的直径平均值 $\overline{d}=$________；

直径 d 的 A 类不确定度 $u_A(d)=$________；

直径 d 的 B 类不确定度 $u_B(d)=$________；

直径 d 的合成不确定度 $u(d)=$________.

测量结果：$d=\overline{d}\pm u(d)=$________$(P\approx 68.3\%)$.

3. 测量圆柱体的质量 m

测量仪器：________；$\Delta_{仪}=$________；

圆柱体放在左边称盘，$m_1=$________；

圆柱体放在右边称盘，$m_2=$________；

圆柱体的质量为

$$\bar{m}=\sqrt{m_1 m_2}.$$

圆柱体质量的不确定度 $u(m)=$____________.

测量结果为

$$m=\bar{m}\pm u(m)=\_\_\_\_\_\_\_\_\_\_\_\_(P\approx 68.3\%).$$

4. 计算圆柱体的密度 ρ

(1) 根据式(3-1-3)计算密度

$$\bar{\rho}=\frac{4\bar{m}}{\pi\bar{d}^2\bar{h}}=\_\_\_\_\_\_\_\_\_\_\_\_\_\_\_\_\_\_\_\_\_\_\_\_\_\_\_\_\_\_\_\_\_\_\_\_\_\_\_\_.$$

(2) 根据式(3-1-3)可知,密度的不确定度传递公式为

$$u(\rho)=\bar{\rho}\sqrt{\left[2\times\frac{u(d)}{\bar{d}}\right]^2+\left[\frac{u(h)}{\bar{h}}\right]^2+\left[\frac{u(m)}{\bar{m}}\right]^2}=\_\_\_\_\_\_\_\_\_\_\_\_\_\_.$$

(3) 密度的测量结果为

$$\rho=\bar{\rho}\pm u(\rho)=\_\_\_\_\_\_\_\_\_\_\_\_\_\_\_\_(P\approx 68.3\%).$$

自学提纲

1. 什么是游标卡尺的精度?给你一把游标卡尺,如何确定其精度?
2. 有一游标卡尺,其游标上有50格,主尺最小分度为1 mm,问此游标卡尺的精度为多少?
3. 游标卡尺测量长度时如何读数?
4. 螺旋测微计分度值如何确定?初读数的正或负如何判断?待测长度如何确定?
5. 螺旋测微计测量长度时如何读数?以毫米为单位时,可估读到哪一位?
6. 在使用物理天平时,应进行哪些调节?如何消除天平不等臂误差?
7. 请写出金属圆柱体的密度计算公式,并写出密度的不确定度传递公式.

3.2 线性电阻的伏安特性

【实验目的】

(1) 学习连接电路的一般方法和电表量程的选择方法.

(2) 学习测绘电阻的伏安特性曲线.

(3) 学习使用作图法求解相关参数.

【实验原理】

元件上通过的电流 I 与加在该元件两端的电压 U 之间的关系,称为元件的伏安特性. 以电压 U 为横轴,电流 I 为纵轴,作得的 I-U 图线,称伏安特性曲线.

一般电阻元件的伏安特性服从欧姆定律,它的伏安特性曲线是一条直线,称它是线性元件;二极管的伏安特性曲线是一条曲线,称它是非线性元件,如图3-2-1所示.

元件的伏安特性可以用实验来测定. 组成一个适当的电路,测量元件上的多组电流及电压值,即可得到该元件的伏安特性.

本实验的待测电阻值较毫安表内阻大得多,测试电路如图3-2-2所示.

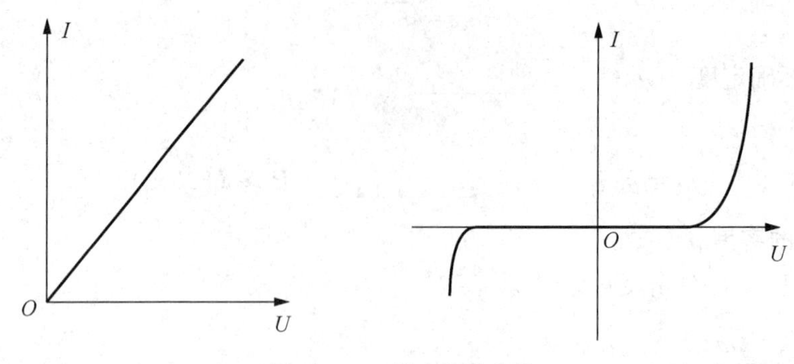

图 3-2-1 伏安特性曲线

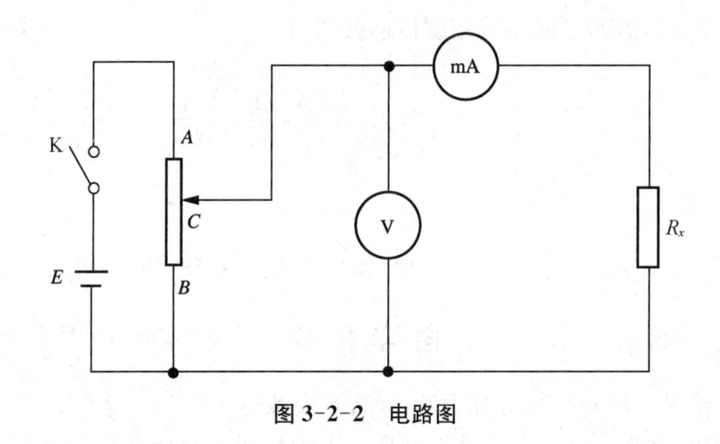

图 3-2-2 电路图

【实验器材】

直流稳压电源、毫安表、伏特表、变阻器、待测电阻.

【实验内容与步骤】

1. 连接电路

电路如图 3-2-2 所示,用回路接线法连好电路. 将电路分成若干个很简单的回路,一个回路一个回路地连接. 即从电源正极开始先连好含电源的回路,然后再连相邻的回路,由近及远依次连接,直到连好最后一个回路.

应在关闭电源状态下进行连接,连线时,要注意接点,特别是一个仪器有两个以上接点时,要明白这根导线应接在哪一点上. 一般来说,同一接点尽量避免接三根以上电线.

2. 检查

为保证通电时的安全,连好电路后,必须检查. 首先要检查电路是否正确;然后检查各仪器状态是否正确,如电源的输出调节是否在最小处.

检查合格后,打开电源开关,观察所有仪器,若有异常,立即切断电源,重新检查. 若正常,可开始测量.

3. 测量

调节变阻器,使伏特表示值在从 0 V 逐次增至 8 V 过程中,每隔 1 V 测一次,记下电压及相应的电流值.(注意,为减少测量误差,伏特表及毫安表的量程应当依据测量值大小正确取用.)

4. 结束整理

测量完毕,检查数据是否合理、完整. 确认无疑后,关闭电源开关,然后拆线,整理仪器用具.(先关电源,后拆线!)

【数据记录与处理】

(1) 将测量数据填入表 3-2-1.

表 3-2-1 数据测量表

电压 U/V									
电流 I/mA									

(2) 以电压 U 为横轴,电流 I 为纵轴,绘出电阻的伏安特性曲线.

(3) 用作图法求待测电阻值.

自学提纲

1. 什么是回路连接法?
2. 使用电压表、电流表时,应该如何连接? 如何正确选用量程?
3. 如图 3-2-2,变阻器采用的是哪一种接法? 通电前,C 应在哪一端? 为什么? 若在另一端,可能会有什么后果?
4. 如何检查数据才可以判断该实验基本成功完成?
5. 作伏安特性曲线时,轴上用 30 小格(mm)代表 10 mA 行吗? 直线上取一点求 R 行吗? 应取怎样的点? 如何求解?

3.3 金属丝杨氏模量的测定

物体在外力作用下,它的形状和大小都会或多或少发生变化,杨氏模量是描述固体材料抗形变能力的重要物理量.它是选定机械构件金属材料的依据之一,是工程技术中常用的基本参数.研究物体的抗形变性质,不仅在机械工程方面很重要,而且在生物医学材料方面也有十分重要的意义.

本实验主要采用光杠杆装置测量钢丝的杨氏模量.光杠杆装置是一种用放大原理测量被测物微小长度变化的装置.它的特点是直观、简便、精度高,可以实现非直接接触式的放大测量,还能用来显示微小角度的变化.光杠杆装置广泛用于高灵敏度的测量仪器(如灵敏电流计、冲击电流计、光点检流计等)和其他测量技术中.

【实验目的】

(1) 掌握用光杠杆装置测量微小长度变化的原理和调节方法.

(2) 学会用拉伸法测量金属丝的杨氏模量.

(3) 学会误差分析、数据处理和测量结果的规范表达.

【实验原理】

如图 3-3-1,一根均匀的金属丝或棒(设长度为 L,截面积为 S),在受到沿长度方向的外力 F 作用下发生形变,伸长了 ΔL.比值 F/S 是金属丝单位截面积上的作用力,称为应力(也称胁强);比值 $\Delta L/L$ 是金属丝的相对伸长,称为应变(也称胁变).根据胡克定律,在弹性限度内,金属丝的应力 F/S 和应变 $\Delta L/L$ 成正比.可表示为

$$\frac{F}{S}=Y\frac{\Delta L}{L}. \tag{3-3-1}$$

式中，比例系数 Y 称为该金属的杨氏模量. 它的单位为 $\mathrm{N}\cdot\mathrm{m}^{-2}$.

设金属丝的直径为 d，则其截面积 $S=\frac{1}{4}\pi d^2$，将此式代入式(3-3-1)，整理后得

$$Y=\frac{4FL}{\pi d^2\Delta L}. \tag{3-3-2}$$

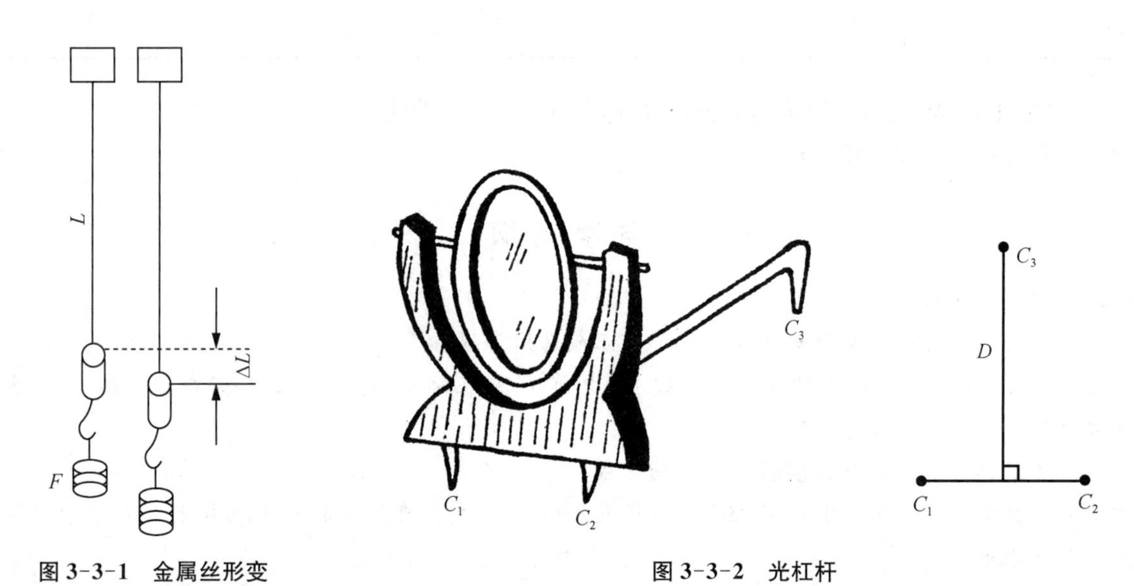

图 3-3-1　金属丝形变

图 3-3-2　光杠杆

式(3-3-2)表明，在长度 L、直径 d 和所加外力 F 相同的情况下，杨氏模量 Y 和金属丝的伸长量 ΔL 成反比，即杨氏模量大的金属丝的伸长量较小，而杨氏模量小的金属丝的伸长量较大. 所以，杨氏模量表述了材料抗弹性形变的能力.

根据式(3-3-2)测杨氏模量时，F，L，d 都比较容易测量，但是，ΔL 是一个微小的长度变化量，很难用普通的测量仪器进行测量. 以钢丝为例，来估算一下 ΔL 的大小：

设钢丝长度 $L=90.00\ \mathrm{cm}$，直径 $d=0.500\ \mathrm{mm}$，悬挂砝码重量为 $0.500\ \mathrm{kg}$，查有关手册得钢丝杨氏模量 $Y=2.00\times10^{11}\ \mathrm{N}\cdot\mathrm{m}^{-2}$，则

$$\Delta L=\frac{F}{S}\cdot\frac{L}{Y}=\frac{0.500\times9.80\times90.00\times10^{-2}}{\pi\left(\frac{1}{2}\times0.500\times10^{-3}\right)^2\times2.00\times10^{11}}\mathrm{m}=1.12\times10^{-4}(\mathrm{m}).$$

对于这样一个随着砝码增加而增加的微小伸长量，如何相继进行非接触式测量，又如何提高测量的准确度？测定杨氏模量的装置，特别是其中的光杠杆放大装置，主要是为了能既方便又准确地测量钢丝伸长量(微小长度变化量)而设计的.

光杠杆构造如图 3-3-2 所示，整个实验装置如图 3-3-3 所示，其中，图(b)为杨氏模量仪，图(a)为附有标尺 S 的望远镜 T. 光杠杆是由一小平面镜及固定在框架 A 上的三个尖足 C_1，C_2，C_3 构成，C_3 至 C_1C_2 的垂线长度 D 称为光杠杆常数. 测量时，两前脚 C_1，C_2 放在平台的沟槽 J 内，后脚 C_3 放在圆柱体夹头 B 的上面(见图 3-3-3 的放大部分). 待测钢丝上端夹紧于横梁上的夹子 E 中间，下端夹紧于可上下滑动的夹子 B 中，B 的下端有一挂钩，可以挂砝码托盘 G. 调节平面镜大致铅直，在镜面正前方竖放一标尺，尺旁安置一架望远镜，适当调节后，从望远镜中可以看清楚由小镜反射的标尺像，并可读出与望远镜叉丝横线相重合的标尺刻度数值.

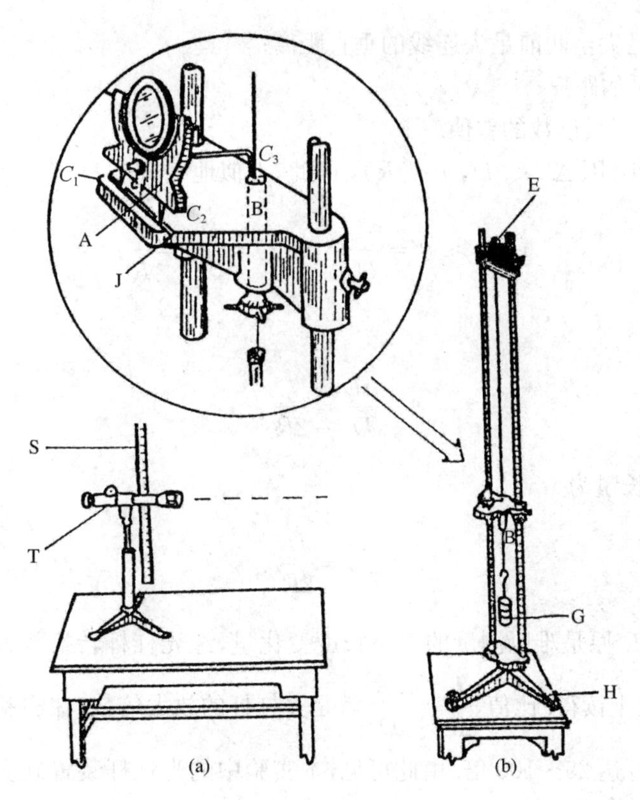

图 3-3-3 实验装置

光杠杆放大原理是这样的：将光杠杆和望远镜标尺装置按图 3-3-4 放置好(平面镜 P 至标尺的距离 R 为 1.5～2 m)，按仪器调节步骤调好全部装置后，就会在望远镜中看到经由 P 反射的标尺像. 设未增加砝码时，从望远镜中读得标尺读数为 a_0. 当增加砝码时，金属丝伸长 ΔL，光杠杆后脚 C_3 随之下降 ΔL，这时，平面镜转过 θ 角到 P' 位置，镜面法线也转过 θ 角. 根据光的反射定律，反射线将转过 2θ 角，此时，从望远镜中读得标尺读数为 a_i，则有

$$\tan\theta = \frac{\Delta L}{D},$$

$$\tan 2\theta = \frac{|a_i - a_0|}{R} = \frac{l}{R}.$$

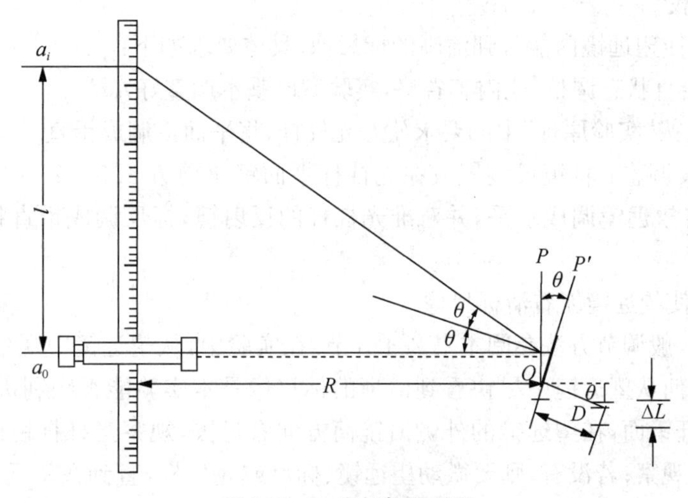

图 3-3-4 光杠杆原理图

式中　D——光杠杆后足尖至两前足尖连线的垂直距离；
　　　R——镜面至标尺的距离；
　　　l——挂砝码前后标尺读数的差值.

由于偏转角度 θ 很小(因 $\Delta L \ll D$，$l \ll R$)，因此，近似地有

$$\tan\theta \approx \theta = \frac{\Delta L}{D},\ \tan 2\theta \approx 2\theta = \frac{l}{R}.$$

由此可得

$$\frac{\Delta L}{D} = \frac{l}{2R}.$$

挂砝码后钢丝的伸长量为

$$\Delta L = \frac{D}{2R} l. \tag{3-3-3}$$

式(3-3-3)表明：ΔL 原是难以测量的微小长度变化量，经光杠杆转换放大后的量 l 却是较大的可测量，能用望远镜从标尺上读得. 比值 $\frac{l}{\Delta L} = \frac{2R}{D}$ 就是光杠杆的放大倍数. 在实验中，通常 D 为 4～8 cm，R 为 1～2 m，放大倍数可达 25～100 倍. 由此可见，本实验中的光杠杆装置确实为测量微小长度变化提供了可能和便利.

将式(3-3-3)和 $F = mg$ 代入式(3-3-2)，得

$$Y = \frac{8mgLR}{\pi d^2 Dl}. \tag{3-3-4}$$

这就是本实验用来测定杨氏模量的原理公式.

【实验器材】

杨氏模量仪、光杠杆、望远镜及标尺、螺旋测微计、直尺、卷尺、砝码等.

【实验内容与步骤】

1. 调整杨氏模量仪

调整杨氏模量仪，使望远镜内能看到清晰的标尺像，具体要求如下：

(1) 杨氏模量仪铅直状态调整(此内容省略，实验室已基本调整好).

(2) 光杠杆调整：按"实验原理"中的要求放好光杠杆，将平面镜调成铅直.

(3) 望远镜与标尺调整：将镜尺装置放在光杠杆平面镜正前方 1.5～2 m 处，使望远镜与光杠杆大致处于同一高度，将望远镜调成水平，并对准光杠杆的反射镜，标尺调成铅直状态，调整过程主要用目测.

(4) 调整望远镜，使望远镜能看清标尺像.

望远镜的结构与一般调节方法参阅本书 2.4.3 节. 在实验中，从望远镜中观察到的是标尺在光杠杆平面镜中的反射像. 如何从望远镜中尽快看到清晰的标尺像是本实验能否顺利进行的关键. 具体方法：先将望远镜对准光杠杆镜面，在望远镜的外侧沿镜筒方向看过去，观察光杠杆镜面中是否有标尺像，若有，就可以从望远镜中观察；若没有，则要微动望远镜、标尺或光杠杆，直到在望远镜中看到标尺像，然后再调节望远镜看清标尺像. 为了读数方便，应使望远镜十字叉丝的水平线与标尺像的某一适当刻度对齐.

2. 测量

(1) 将砝码托盘挂在钢丝夹下端，拉直钢丝(此砝码托盘不计入外力 F 之内)，记下望远镜中与叉丝重合的标尺读数 a_0.

(2) 逐次增加 1 kg 砝码，在望远镜中观察标尺的像，依次记下相应的与叉丝水平线重合的刻度读数 a_1，a_2，a_3，a_4，a_5，砝码加到 5 kg 后，再每减去 1 kg，读一次数，并作记录.

注意：①调整好实验装置记下初读数 a_0 后，千万不能再碰动实验装置(望远镜、光杠杆、标尺等)；②加减砝码时，动作一定要轻，并稍待稳定后再读数.

(3) 用米尺测量镜面至标尺的距离 R 和钢丝原长 L.

(4) 将光杠杆取下，并在纸上压出三个足尖痕，用直尺测出后足尖至两前足尖连线的垂直距离 D.

注意：不能用手直接触摸镜面，使用时要特别小心，以免打碎镜面.

(5) 用螺旋测微计测量钢丝直径 d，选不同的位置测 5 次，取平均值. 螺旋测微计的使用方法参阅本书 2.1.2 节.

注意：①螺旋测微计是较精密的测量仪器，使用过程中，应注意“锁紧装置”的作用，只有把“锁紧装置”打向右边时，才能轻轻旋动微分筒和棘轮旋柄，否则，螺旋推进装置就会被损坏；②在测量钢丝直径时，切勿扭折钢丝，防止钢丝弯曲.

【数据记录与处理】

分别用逐差法和作图法处理数据，计算杨氏模量 Y. 逐差法与作图法介绍详见 1.5 节. 数据记录与处理的具体内容详见附录 A.

自学提纲

1. 什么是材料的杨氏模量？材料相同但粗细、长度不同的两根钢丝，它们的杨氏模量是否相同？
2. 式(3-3-4)中，L，d，D，l 分别表示什么？如何测量？
3. 如何用光杠杆装置测量微小伸长量？光杠杆的放大倍数由哪些量决定？
4. 归纳一下如何从望远镜中尽快看清楚标尺刻度的反射像，如何正确使用望远镜.
5. 测量钢丝伸长随外力变化的数据时，有哪些要特别注意的问题？
6. 如何正确使用螺旋测微计？如何正确读数？为什么钢丝直径 d 要多次测量而钢丝长度 L 却只要测一次？
7. 实验中，为什么不同的量要用不同的长度测量仪器？分析你的实验结果中哪一项误差最大.
8. 根据你测得的数据，计算在本实验条件下光杠杆的放大倍数.

3.4 示波器的使用

示波器是一种利用阴极射线管内电子束在电场中偏转(数字存储示波器原理有所不同，本节中示波器指模拟示波器)，显示随时间变化的电信号的观测仪器. 用它能直接测量电压信号的幅度、周期和频率等参数，也能定性地观察电路的动态过程，即观察波形. 配以各种传感器还可以用于各种非电量的测量，如压力、声光信号等，医学上常用示波器观察生物体的心电、脑电、肌电和心音等，示波器已成为电子电工、实验教学、医药卫生、科学研究等领域最常用的电子仪器.

【实验目的】

(1) 了解示波器的主要结构和显示波形的基本原理.

(2) 学会用示波器观察波形并测量电压的幅度、周期和频率.

(3) 观察李萨如图形,利用李萨如图形测量正弦信号的频率.

【实验原理】

1. 示波器的基本结构

示波器主要由示波管(CRT)、X 轴(水平)放大系统、Y 轴(垂直)放大系统、扫描与触发系统和电源五大部分构成,如图 3-4-1 所示.

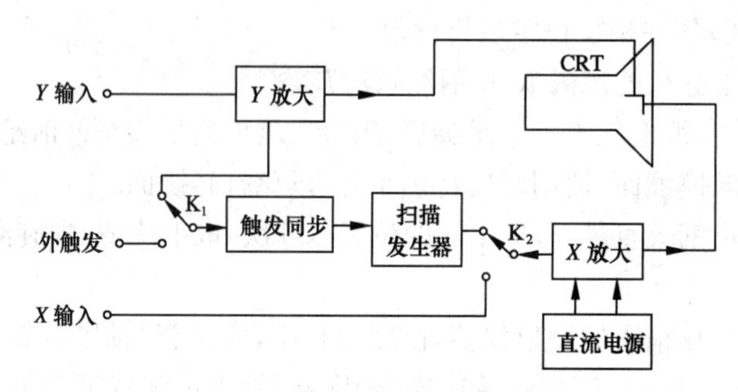

图 3-4-1　示波器的基本结构框图

(1) 示波管(CRT).

示波管全名为阴极射线示波管,是示波器的核心.它是一只抽成真空的玻璃管,其结构如图 3-4-2 所示,包含三个部分:电子枪、偏转板和荧光屏.

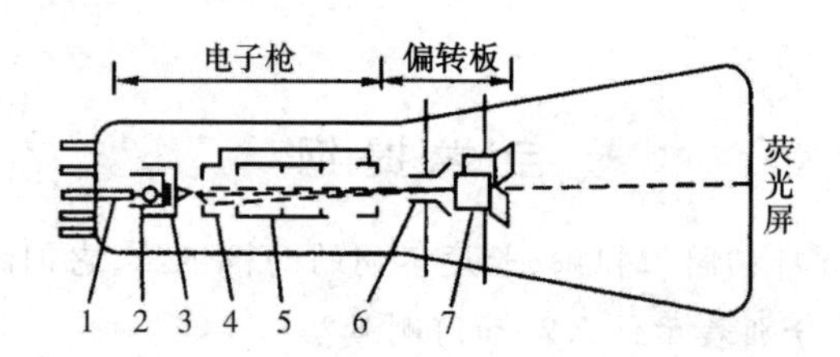

1—灯丝;2—阴极;3—栅极;4—阳极;5—聚焦极;6—垂直偏转板;7—水平偏转板

图 3-4-2　示波管结构示意图

① 电子枪:电子枪由灯丝、阴极、栅极、阳极、聚焦极等部分组成,其作用是发射可以控制的会聚的高速电子束.阴极被点燃的灯丝加热之后向外发射电子,通过栅极后形成一电子束,栅极的电位相对阴极为负,因此调节栅极相对阴极的电位,可以控制通过栅极的电子数目,从而控制到达荧光屏上的电子数目.打到荧光屏上的电子数目越多,则荧光屏上发出的光越强,因而改变栅极电位,可以调节荧光屏上亮点的亮度,示波器面板上辉度调节旋钮就是起这一作用的.阳极相对栅极有很高的电位,对通过栅极的电子起加速作用.聚焦极的作用就像会聚透镜对光的作用一样,可以使发散的电子束通过这一电场后会聚成一细小的电子束,因而改变聚焦极电位,可以调节电子束的聚焦程度.

② 偏转板:示波管内有一对垂直(Y 轴)偏转板和一对水平(X 轴)偏转板,其作用是控制电子束的偏转方向.若某一对偏转板上加上电压,电子束通过它时因受电场力作用而发生偏转,荧光屏上的亮点也将偏转,且偏转量的大小与所加电压大小成正比,这就是示波器能够测量电压的依据.电压加在垂直偏转板上,亮点作纵向偏移;电压加在水平偏转板上,亮点作横向偏移.

③ 荧光屏:荧光屏的作用是显示电子束的运动轨迹.荧光屏玻璃内表面涂有一层荧光粉,当高速电子流轰击时会发出荧光,从而显示电子束的运动轨迹.

(2) 基本电路.

① X,Y 轴放大系统:要使亮点在荧光屏上移动一定的距离,必须在偏转板上加足够的电压.一般示波管偏转板的灵敏度不高,偏转 1 cm 得有几十伏的电压,而被测信号的电压一般较低,只有几伏、几毫伏,甚至更低.为了使电子束能在荧光屏上获得明显的偏移,必须对被测信号进行电压放大,X,Y 轴

放大系统就起这一作用.

② 扫描与触发系统：它能产生一个锯齿形的扫描电压以及使波形稳定的同步信号，从而在荧光屏上显示被测信号的波形.

③ 电源：它是示波器的能源部分，提供仪器各电路所需的工作电压.

2. 示波器显示波形的原理

把待测信号加在示波器 Y 轴偏转板上，如待测信号是正弦交流电压 $U_y = U_m \sin\omega t$，则电子束在 Y 轴产生的位移 y 也随时间按正弦规律变化

$$y = y_m \sin\omega t. \tag{3-4-1}$$

在荧光屏上的光点只在竖直方向运动，如果信号频率较大，看到的只是一条竖直的亮线.

若在 X 轴偏转板上加一个与时间成线性关系的锯齿形电压(即扫描电压)，例如，电压从零开始与时间成正比地增加到最大，然后突然减到零，并按这种规律周期性变化，在该扫描电压作用下，光点将在水平方向上匀速从左端移到右端，然后迅速回到初始位置，接着又重复上述过程，我们把这种过程称为扫描. 扫描电压的频率较大，在荧光屏上看到一条水平亮线(即扫描线). 光点在水平方向的位移与时间成正比，即

$$x = kt \quad (0 \leqslant t \leqslant T). \tag{3-4-2}$$

在上述两种电压同时作用下，荧光屏上亮点的轨迹是上述两种互相垂直的位移的合成. 由式(3-4-1)、式(3-4-2)可得亮点轨迹方程

$$y = y_m \sin\frac{\omega}{k}x. \tag{3-4-3}$$

可见，亮点运动轨迹是正弦曲线，与待测信号的变化规律一致，从而在示波器上可以观察到待测信号随时间变化的波形. 亮点在水平方向的位移相当于被测信号的时间轴，故扫描过程也称时基扫描. 上述分析用图 3-4-3 可直观表现出来.

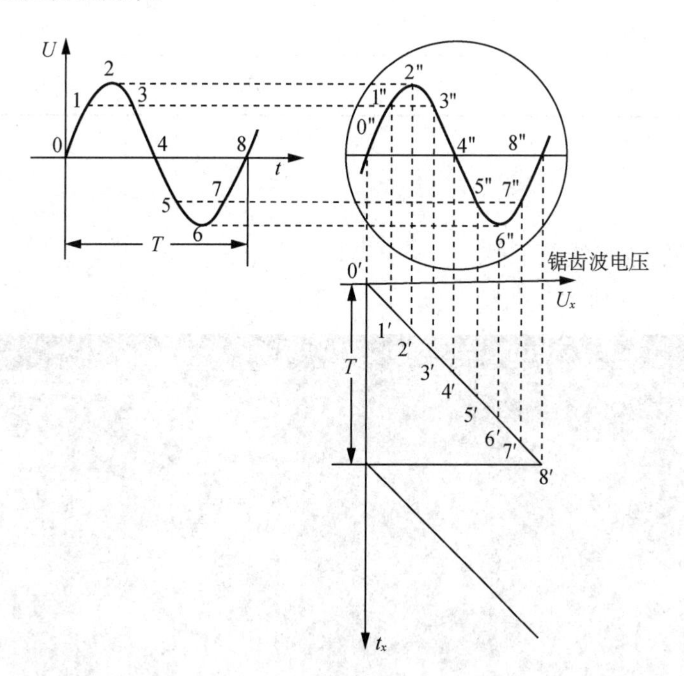

图 3-4-3 示波器显示波形的原理

水平锯齿扫描电压是周期性的，使得加在垂直偏转板上的信号波形重复出现. 如果待测信号的频率 f_y 小于扫描电压的频率 f_x，或两者不成整数关系，由于扫描各周期显示的波形不重合，因此显示不稳定

波形.只有 f_y 与 f_x 成整数比时,才会显示稳定波形,即波形稳定的条件是 $f_y=Nf_x(N=1, 2, 3, \cdots)$.

在实际测量中,为了观察到稳定的波形,f_x 是可调的,示波器面板上的时基扫描旋钮与时基微调旋钮就是用来调节扫描信号频率的.

3. 李萨如图

作为示波器的一种应用,我们介绍李萨如图.

如果在示波器的水平偏转板和垂直偏转板上分别输入两个正弦信号,且它们的频率比值为简单的整数比,这时荧光屏上显示的图形即为李萨如图,它是两个互相垂直的简谐振动合成的结果.李萨如图与两个正弦信号的频率有如下关系:

$$\frac{f_x}{f_y}=\frac{N_y}{N_x}. \tag{3-4-4}$$

式中 N_x—— 水平方向切线与图形的切点数;

N_y—— 竖直方向切线与图形的切点数.

如果已知 f_y,从李萨如图上可知切点数 N_x 和 N_y,利用上式就可算出 f_x 了.所以,利用李萨如图,可测未知正弦信号的频率,见表 3-4-1.

表 3-4-1 李萨如图与频率的关系

李萨如图					
N_x	1	1	1	2	2
N_y	1	2	3	3	1
$f_y : f_x$	1∶1	1∶2	1∶3	2∶3	2∶1
f_y/Hz	50	50	50	50	50
f_x/Hz	50	100	150	75	25

【实验器材】

示波器、信号发生器、连接线若干根.

示波器面板如图 3-4-4 所示.

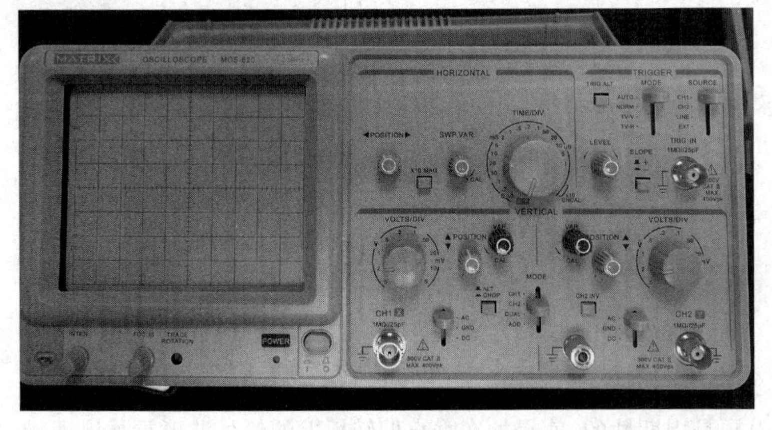

图 3-4-4 示波器面板

示波器面板布局分为四部分：

① 显示屏部分. 主要包括电源开关、显示屏、辉度旋钮(INTEN)、聚焦旋钮(FOCUS)、校准信号输出端子.

② 垂直轴操作部分. 主要包括垂直衰减旋钮(VOLTS/DIV)、通道2被测信号连接器(CH2Y)、垂直灵敏度旋钮(VAR)、垂直位置调节旋钮(POSITION)、垂直系统输入耦合开关(AC-GND-DC)等.

③ 水平轴操作部分. 主要包括水平衰减旋钮(VOLTS/DIV)、通道1被测信号连接器(CH1X)，水平灵敏度旋钮(VAR)、水平位置调节旋钮(POSITION)、水平系统输入耦合开关(AC-GND-DC)等.

④ 触发操作部分. 主要包括外触发输入端子(TRIG IN)、触发信号选择开关(SOURCE)、触发方式选择开关(TRIGGER MOOD)、触发极性选择开关(SLOPE)、触发电平调节旋钮(LEVEL)等.

信号发生器面板如图 3-4-5 所示.

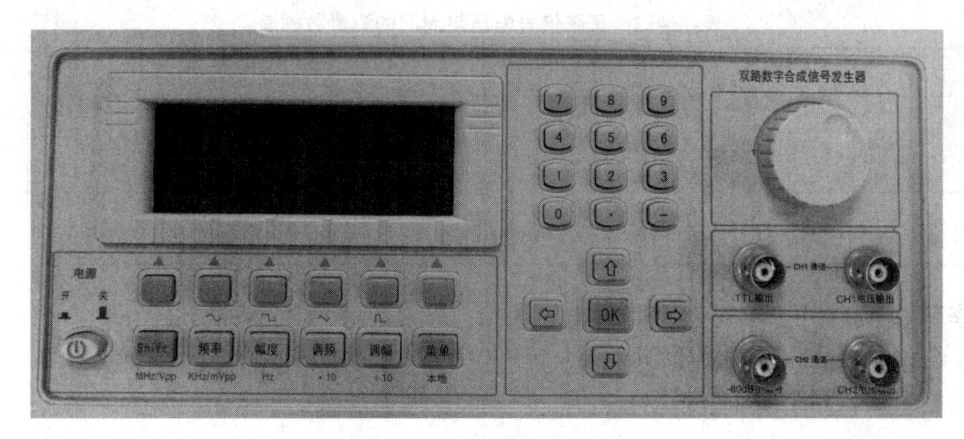

图 3-4-5 信号发生器面板

【实验内容与步骤】

示波器已校正好，开机前先了解示波器面板上各功能键的作用，并把各个旋钮调到居中.

1. 正弦信号的观测

(1) 把信号发生器 CH1 的信号输入到示波器前面板的 CH2“Y”输入端.

(2) 调节 Y 轴位移“POSITION”及 X 轴位移“POSITION”找到信号. 应特别注意的是，定量测量时，必须始终保持 Y 轴微调旋钮与时基微调旋钮在校准位置上，即“VAR”旋钮至“CAL”位置.

(3) 将触发信号选择开关拨到 CH2，调节“TIME/DIV”和“LEVEL”旋钮，使有两个周期左右正弦波信号稳定在显示屏内，且幅度较大.

用示波器测量电压时，一般是测量其峰峰值 $u_{p\text{-}p}$，即从波峰到波谷之间的值，然后再计算电压的有效值. 实验时利用荧光屏前的刻度标尺分别读出与电压峰峰值对应的竖直方向距离 y 及一个周期波形所对应的水平方向距离 x，如图 3-4-6 所示，有

$$u_{p\text{-}p} = y(\text{DIV}) \times Y(\text{衰减})(\text{VOLTS/DIV}).$$

$$T = x(\text{DIV}) \times X\ \text{时基}(\text{s/DIV 或 ms/DIV}, \mu\text{s/DIV}).$$

根据 $u = \dfrac{u_{p\text{-}p}}{2\sqrt{2}}$ 和 $f = \dfrac{1}{T}$，就可得到正弦信号的有效值 u 和频率 f.

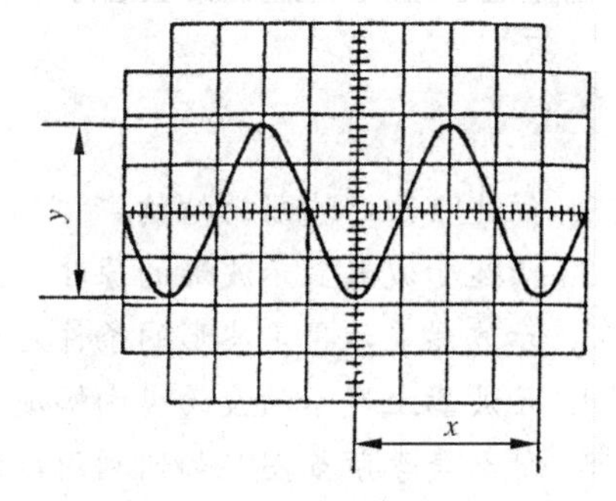

图 3-4-6 正弦信号波形图

2. 观察李萨如图，用李萨如图测量正弦信号频率

(1) 上述正弦信号仍接在示波器的 CH2“Y”输入端，将信号发生器 CH2 输出的正弦信号接到示波

器的 CH1“X”输入端.

(2) 将触发信号选择开关拨到 CH2.

(3) 调节信号发生器 CH2 输出的正弦信号频率,分别得到 $N_x : N_y$ 为 1∶1,1∶2,2∶3,2∶1 的李萨如图. 描下李萨如图,记下信号发生器上显示的相应的正弦信号的频率 f_x,并且记下李萨如图垂直方向的切点数 N_y、水平方向的切点数 N_x,用式(3-4-4)计算被测正弦信号的频率 f_x.

【数据记录与处理】

1. 正弦信号的观测

记下待测正弦信号的输出电压________________和频率________________.

将正弦信号电压与周期的测量数据填入表 3-4-2.

表 3-4-2 正弦信号电压与周期的测量数据表

示波器				电压测量结果			
Y 衰减 /(VOLTS/DIV)	y /DIV	X 时基 /(TIME/DIV)	x /DIV	峰峰值 u_{p-p}/V	有效值 u/V	周期 T /s	频率 f /Hz

2. 用李萨如图测量正弦信号频率

示波器 CH2 输入的正弦信号频率 $f_y=$____________.

观察李萨如图,将用李萨如图测量正弦信号频率的数据填入表 3-4-3.

表 3-4-3 用李萨如图测量正弦信号频率的数据表

$N_x : N_y$	1∶1	1∶2	2∶3	2∶1
李萨如图				
信号发生器示值 f_x/Hz				
理论计算值 f_x/Hz				

自学提纲

1. 简述模拟示波器的结构.
2. 简述示波器显示波形的原理. 它是如何模拟时间的?
3. 示波器显示稳定波形的条件是什么?
4. 示波器上显示的波的纵向幅度太小,应如何处理? 波的周期数目太多,又如何处理?
5. 什么是李萨如图? 如何利用李萨如图测量未知正弦信号的频率?

3.5 热敏电阻的温度特性研究

热敏电阻的阻值随温度的变化而显著变化,属可变电阻一类,可作为测量元件,还可作为控制元件和电路补偿元件.热敏电阻有体积小、使用方便、灵敏度高、稳定性好等特点,广泛应用于家用电器、电力工业、通信、生物医学工程等各个领域,用于测温、温控、报警等方面.本实验通过测量不同温度下的热敏电阻阻值,了解热敏电阻的电阻-温度特性.

【实验目的】

(1) 了解热敏电阻的电阻-温度特性并绘制特性曲线.

(2) 熟悉"曲线改直"的数据处理方法.

【实验原理】

用于制作热敏电阻的热敏材料一般可分为半导体类、金属类和合金类三类.按照电阻值随温度的变化特点,可把热敏材料分为正温度系数热敏电阻器(PTC)和负温度系数热敏电阻器(NTC)两大类,前者电阻值随温度的升高而增大,后者电阻值随温度的升高而减少,它们同属于半导体器件.

常见的负温度系数热敏电阻器是以锰、钴、镍和铜等金属氧化物为主要材料,采用陶瓷工艺制造而成的.这些金属氧化物材料具有半导体性质,在导电方式上类似锗、硅等半导体材料.这些氧化物材料的载流子(电子或空穴)数量随温度的升高而增加,因而电阻值随温度的升高而减小,变化规律为

$$R = R_0 e^{\frac{B}{T}}. \tag{3-5-1}$$

式中,T 是热力学温度,单位为 K;R 是温度为 T 时热敏电阻的阻值;R_0 是 T 趋于无穷大时的热敏电阻阻值;B 是热敏电阻的材料常数.两边取对数得

$$\ln R = B\frac{1}{T} + \ln R_0. \tag{3-5-2}$$

以$\frac{1}{T}$ 为横轴,以 $\ln R$ 为纵轴,作 $\ln R - \frac{1}{T}$关系曲线,则能得到一条直线,由直线斜率和截距可分别求出 B 和 R_0.根据定义,热敏电阻的温度系数 α 可由 $\alpha = -\frac{B}{T^2}$ 求得.

【实验器材】

万用电表、热敏电阻、温控装置、连接线.

【实验内容与步骤】

(1) 把热敏电阻放入温控装置中,测量并记录不同温度下的热敏电阻阻值.

为方便起见,本实验用万用电表测量电阻.实验也可用电桥测电阻,惠斯通电桥测电阻的原理和方法见附录 B.

(2) 绘制电阻-温度特性曲线.

(3) 利用"曲线改直"方法,作 $\ln R - \frac{1}{T}$曲线,计算 R_0 和 B,并计算 60℃时热敏电阻的温度系数.

【数据记录与处理】

(1) 将不同温度下的电阻值填入表 3-5-1.

表 3-5-1 不同温度下的电阻值

测量次数 n	1	2	3	4	5	6	7	8	9	10
t/℃										
$T=273.2+t$/K										
$\frac{1}{T}/(\times 10^{-3}\ \mathrm{K}^{-1})$										
R/Ω										
$\ln R$										

(2) 以温度 t 为横轴，以电阻 R 为纵轴，作电阻-温度特性曲线.

(3) 以$\frac{1}{T}$ 为横轴，以 $\ln R$ 为纵轴，作 $\ln R-\frac{1}{T}$图，用图解法求出 R_0 和 B.

(4) 由 $\alpha=-\frac{B}{T^2}$，计算 60℃时的温度系数.

自学提纲

1. 按照电阻值随温度的变化特点，热敏电阻可分为哪两大类？各有何特点？
2. 写出本实验所用热敏电阻的阻值随温度的变化规律.
3. 如何理解"曲线改直"的数据处理方法？
4. 作 $\ln R-\frac{1}{T}$ 图时，需要注意什么？如何用作图法计算相关参数？
5. 热敏电阻的温度系数如何计算？

3.6 霍尔效应法测磁场

磁场测量是电磁测量技术的一个重要组成部分. 在工业生产和科学研究的许多领域中都要涉及磁场测量问题，并且磁场测量在医学领域也有重要应用，例如用"脑磁图""心磁图"来诊断疾病，研究环境磁场对人体的作用以及研究生物磁场等都需要磁场测量技术.

测量磁场的方法很多，本实验应用霍尔效应测量通电螺线管内部的磁场分布. 霍尔元件的面积可以做得很小，所以，可以较准确地测出某一点的磁感应强度. 利用霍尔效应，还可以研究半导体材料的导电类型、载流子浓度等材料参数. 霍尔元件在自动控制方面已得到广泛的应用.

【实验目的】

(1) 了解霍尔效应产生的机理.
(2) 学习用霍尔效应测量磁场的方法.
(3) 学会用霍尔元件测量长直螺线管内部的磁场.

【实验原理】

1. 霍尔效应测磁场的基本原理

如图 3-6-1，将半导体薄片(霍尔元件)放在垂直于它的磁场 B 中，当有电流 I_S 通过它时，薄片上与

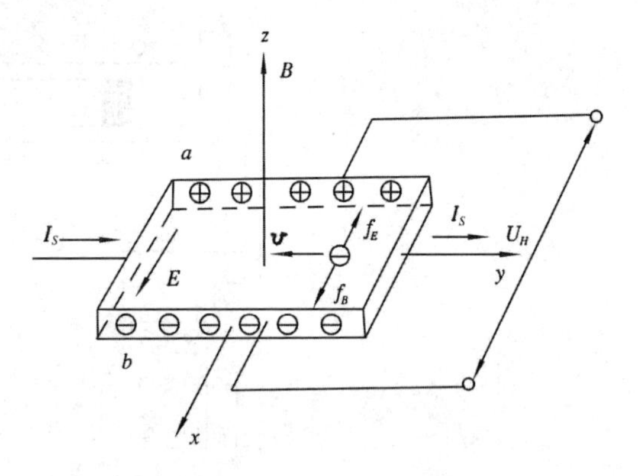

图 3-6-1 霍尔效应原理

B 和 I_S 都垂直的方向上产生一个电势差 U_H，这种现象称为霍尔效应，U_H 称为霍尔电压.

理论和实验表明，在磁场不太强时，霍尔电势差 U_H 与磁感应强度 B 和控制电流 I_S 成正比，即

$$U_H = K_H I_S B. \tag{3-6-1}$$

式中，比例系数 K_H 称为霍尔元件灵敏度，单位为 $\mathrm{mV \cdot mA^{-1} \cdot T^{-1}}$. 若已知霍尔元件的灵敏度 K_H，由实验测出 I_S 和 U_H，就可以计算出磁感应强度：

$$B = \frac{U_H}{K_H I_S}. \tag{3-6-2}$$

霍尔效应的产生可作如下说明：半导体薄片内定向运动的电荷（电流）受到磁场力 f_B（即洛伦兹力 $f_B = qvB$）的作用，而发生偏转，使得薄片 a，b 两侧分别积累正、负电荷，形成电势差；a，b 间的电场对电荷也有作用力（即电场力 $f_E = qE$），且与 f_B 方向相反. 当两种力平衡时，a 与 b 之间就形成一稳定电场，a 与 b 之间的霍尔电势差 U_H 也就达到一稳定数值. 可见，霍尔效应是由运动电荷在磁场中受到洛仑兹力作用而产生的.

2. 实验中副效应影响的消除

霍尔效应产生的过程中也伴随着一些副效应，这些副效应产生的电势差叠加在霍尔电势差上，使测得的并不是霍尔电势差，而是叠加值. 因此，必须消除或减小这些副效应的影响. 研究这些副效应后，可以采用换向法（即变换电流 I_S 的方向和磁场 B 的方向）来消除或减小它的影响. 设电流和磁场方向为 $(+I_S,\ +B)$ 时，测得电势差为 U_1；电流和磁场方向为 $(+I_S,\ -B)$ 时，测得电势差为 U_2；电流和磁场方向为 $(-I_S,\ -B)$ 时，测得电势差为 U_3；电流和磁场方向为 $(-I_S,\ +B)$ 时，测得电势差为 U_4. 这样，就可得到霍尔电势差为

$$U_H = \frac{1}{4}(|U_1| + |U_2| + |U_3| + |U_4|). \tag{3-6-3}$$

3. 长直密绕通电螺线管内部的磁场分布

本实验测量长直密绕通电螺线管内部的磁场分布，理论可证明，当螺线管通以电流 I_M 时，其内部中央附近位置的磁感应强度可由下式计算

$$B_0 = \mu_0 \frac{N}{L} I_M. \tag{3-6-4}$$

式中，$\mu_0 = 4\pi \times 10^{-7}\ \mathrm{N \cdot A^{-2}}$；$N$ 为螺线管线圈匝数；L 为螺线管长度.

【实验器材】

螺线管磁场实验仪、电源、导线若干根.

【实验内容与步骤】

1. 电路连接

图 3-6-2 是螺线管磁场实验仪接线图，主要有三个电路：控制电流 I_S 输入电路、霍尔电压输出电路和励磁电流 I_M 输入电路. I_S 及 I_M 换向开关投向上方，表明 I_S 及 I_M 均为正值，反之为负值. 霍尔元件很容易损坏，必须经教师检查线路连接正确后方可开启电源.

注意：①图 3-6-2 中部分线路已由仪器制造厂家连接好. ②“I_M 输入”与“I_S 输入”或“V_H 输出”不能搞错，否则霍尔元件会坏！③励磁电流 I_M 输入电路不能长时间接通，以免螺线管温度上升而影响测量.

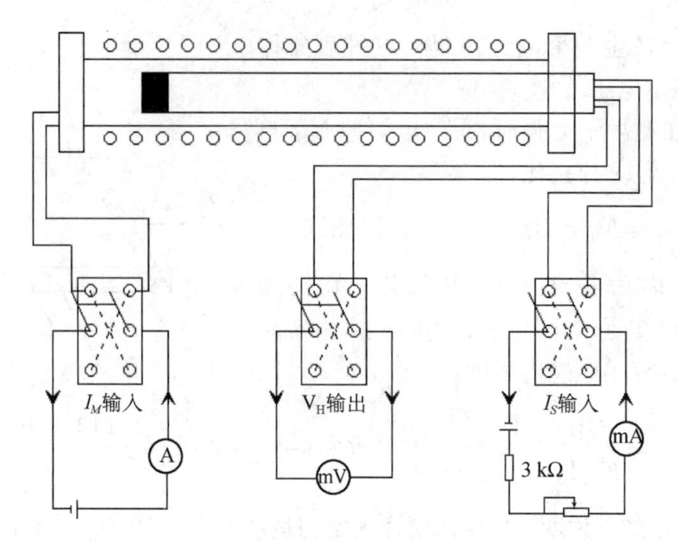

图 3-6-2　螺线管磁场实验仪接线图

2. 测量螺线管内部磁场分布

霍尔元件探杆上附有刻度,用于标定探头(半导体薄片)在螺线管内部的具体位置 x,取 $I_M = 0.600\ \text{A}$, $I_S = 8.00\ \text{mA}$,移动探头在螺线管内部的位置,测量相应的霍尔电压. 测量过程中,记录 x 值及对应的 $(+I_S, +B)$,$(+I_S, -B)$,$(-I_S, -B)$,$(-I_S, +B)$ 时的 U_1, U_2, U_3, U_4,由此可算出各 x 值下的 U_H.

【数据记录与处理】

(1) 记录螺线管长度 L、匝数 N、霍尔元件灵敏度 K_H、控制电流 I_S、励磁电流 I_M.

(2) 将实验数据记入适当的表格中.

(3) 计算各点(即探头位置 x 为各值时)的 U_H 值及 B 值,一并记入表中.

(4) 计算螺线管内部中央位置磁感应强度的理论值 B_0,并与实验测量值比较,计算相对误差:

$$E = \frac{|B - B_0|}{B_0} \times 100\%.$$

(5) 以 x 为横轴,以 B 为纵轴,作 B-x 图线,并分析通电螺线管内磁场分布特点.

自学提纲

1. 霍尔效应是如何产生的?
2. 公式 $U_H = K_H I_S B$ 成立应满足什么条件? 若霍尔元件与磁场不垂直,应用这一公式能准确测 B 吗?
3. 实验中如何消除副效应的影响?
4. 如何测量霍尔元件的灵敏度?

3.7　声速的测量

声波是一种在弹性媒质中传播的机械波. 频率高于 20 kHz 的声波称为超声波,它具有方向性好、强度高、穿透能力强等特性,在测距、测速、探伤、焊接、医学超声诊断、超声治疗和生物组织超声特性研究等方面有广泛的应用.

超声波在媒质中的传播速度与媒质的特性及状态等因素有关,因而通过媒质中声速的测量,可以了解媒质的特性和状态变化,因此,声速的测量具有一定的实用意义.

本实验利用压电陶瓷晶体的电致伸缩效应产生超声波,采用共振干涉法、相位比较法测量声速. 这是非电量电测方法应用的一个典型例子.

【实验目的】

(1) 了解压电换能器的声波产生、传播、接收的功能.

(2) 学会用共振干涉法和相位比较法测量声速.

(3) 掌握用逐差法处理数据.

【实验原理】

1. 超声波的获得

本实验采用压电陶瓷换能器来实现声压和电压之间的转换. 在压电陶瓷换能器的两个底面上加上频率为 f 的正弦波电压,它的厚度就会按正弦规律发生纵向伸缩,从而发出同频率的声波. 同样,它也可以将声压转化为电压,用来接收声压信号.

为了使压电陶瓷换能器发射较强的声波信号,必须使其共振. 所以,加载在换能器上的正弦电压的频率应等于该换能器测量系统的固有频率,这将是测量系统的谐振频率.

2. 声速测量

由波动理论可知,声速 v、频率 f 和波长 λ 之间有以下关系

$$v = f\lambda. \tag{3-7-1}$$

由式(3-7-1)可知,测得声波的频率 f 和波长 λ,就可计算出声速 v. 其中,声波频率 f 可通过频率计测得,声波波长可用共振干涉法和相位比较法测得.

(1) 共振干涉法.

实验装置如图 3-7-1 所示,S1 和 S2 为表面相互平行的一对压电陶瓷换能器,S1 固定在左边,它是超声波的波源(发射面),它被信号发生器输出的电信号激励后,由电致伸缩效应(逆压电效应)产生受迫振动,发出平面超声波. S2 可移动,其位置由数显仪自动显示(也可在标尺上读取),它是超声波的接收器(接收面),接收到的声压转换成电信号后,输入示波器进行观察. S2 在接收超声波的同时还反射一部分超声波,这样,由 S1 发出的超声波和由 S2 反射的超声波在 S1,S2 之间相干叠加而出现驻波.

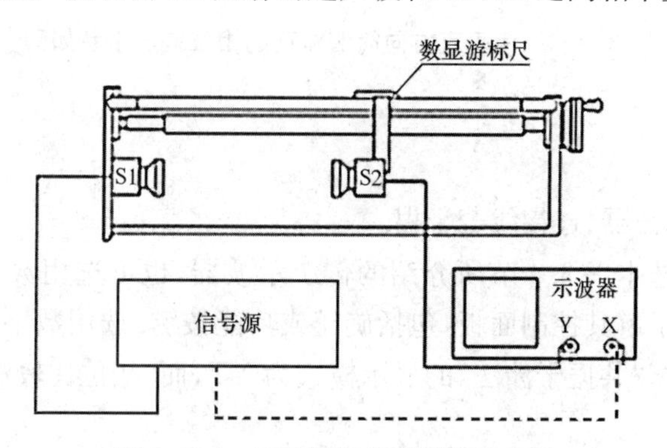

图 3-7-1 声速测量实验装置示意图

改变 S1 和 S2 之间的距离,在一系列特定的位置上,接收面 S2 上的声压达到极大值,见图 3-7-2. 可以证明,相邻两极大值之间的距离为$\frac{\lambda}{2}$. 因此,移动 S2(S1 不动),示波器显示的信号幅度将发生周期性的变化,由一个极大变到一个极小,再变到极大,依次测出示波器显示的信号幅度达到极大值时 S2 的位置,就可测得波长 λ 了.

(2) 相位比较法.

声波从 S1 处发射,经空气传播到 S2,显然,在同一时刻 S1 处的波和 S2 处的波的相位不同. 若 S1 和 S2 的间距为 l,则相位差为

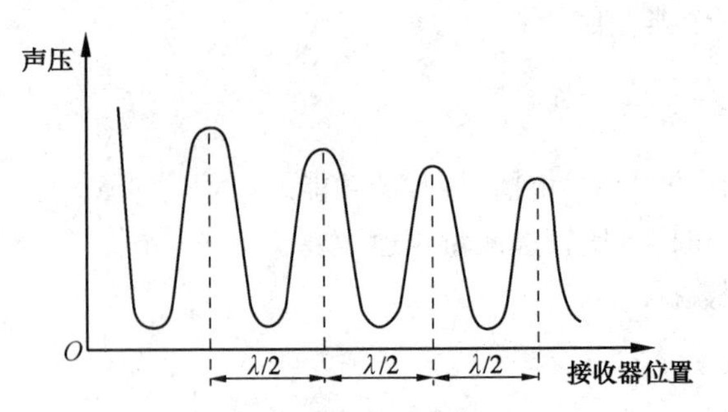

图 3-7-2　接收器表面声压随距离的变化

$$\Delta\varphi = 2\pi \frac{l}{\lambda}. \qquad (3-7-2)$$

由式(3-7-2)可知，若 l 改变一个波长 λ，则相位差改变 2π，相位差可以通过示波器来观察. 互相垂直的两个简谐振动的叠加，形成李萨如图，如果这两个简谐振动的频率相同，则可得到最简单的李萨如图，如图 3-7-3 所示.

由图 3-7-3 可知，当图形从直线经过椭圆，再变为下一根直线（斜率相反了）时，其相位差 $\Delta\varphi$ 改变 π，相应的距离 l 改变了半个波长$\frac{\lambda}{2}$. 因此，移动 S2(S1 不动)，依次测出示波器上显示直线时 S2 的位置，就可测出波长了.

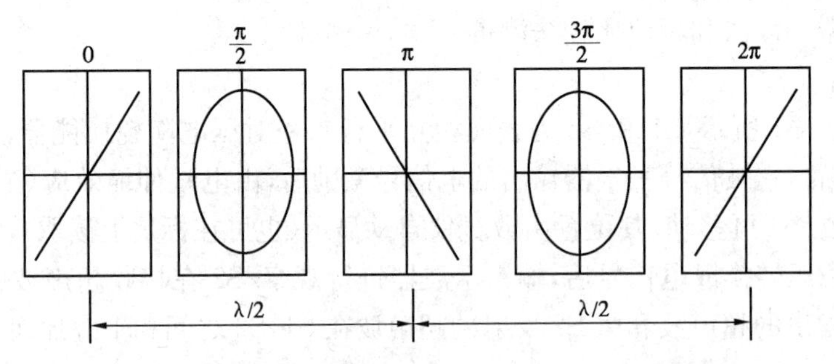

图 3-7-3　两垂直方向简谐振动的相位差与李萨如图

【实验器材】

声速测量仪、信号源、示波器、连接线若干根.

示波器的型号很多，可选本书 3.4 节所介绍的传统示波器，也可选用数字存储示波器. 无论选用哪一种示波器，首先都应大致了解其控制面板，包括旋钮或功能按键. 选用数字存储示波器时，应特别注意选择正确的示波器显示模式，“共振干涉法”的显示模式为 YT，而“相位比较法”的显示模式为 XY.

【实验内容与步骤】

1. 仪器连接

按图 3-7-4 连接声速测量系统，用“(空气)液体”接口，图中虚线暂时不接.

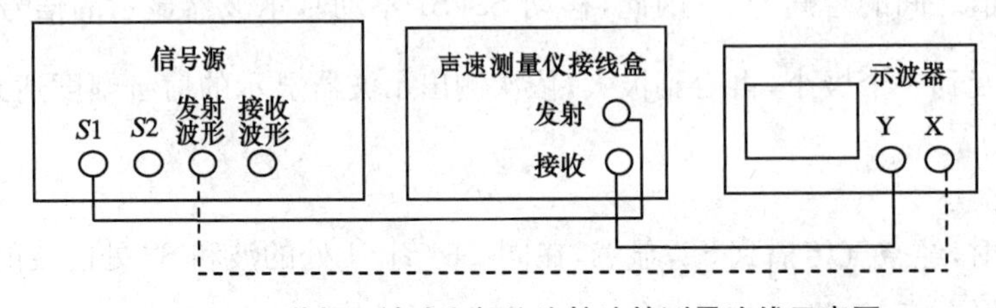

图 3-7-4　共振干涉法和相位比较法的测量连线示意图

2. 调节谐振频率

打开仪器电源，调节信号源的“发射强度”旋钮，使其输出适当的正弦电压，然后调节信号输出频率(25～45 kHz)和示波器，观察示波器显示屏上电压幅度的变化. 仔细调节并观察会发现，在某一频率值时，示波器显示的电压幅度达到最大，此时信号发生器输出的频率值即为测量系统的谐振频率f(34.5～39.5 kHz). 可以反复进行上述过程，以寻找测量系统准确的谐振点. 频率值可由信号源读出. 以下的测量将在此谐振频率下进行.

3. 共振干涉法测波长

观察声速测量仪下方的S1，S2换能器，转动距离调节鼓轮，将S2从一端移向另一端，观察示波器上的电压信号幅度的变化，了解波的干涉现象. 测量时，S1与S2之间的距离从近到远或从远到近均可，选择示波器上的信号幅度最大处的某个位置为起点，记下S2的位置a_1，同时记下频率f_1. 缓慢移动S2，依次记下每次信号幅度最大时S2的位置(波腹的位置)a_2，a_3，…，a_{10}和f_2，f_3，…，f_{10}，共10组值，并记下室温t.

4. 相位比较法测波长

连接好图3-7-4虚线连接线，调节示波器，使示波器上出现大小合适的李萨如图. 转动距离调节鼓轮，在示波器上可找到一斜直线，使斜直线倾角为30°～60°，记下S2的位置a_1，同时记下频率f_1. 缓慢移动S2，依次记下出现每根斜直线时S2的位置a_2，a_3，…，a_{10}和f_2，f_3，…，f_{10}，共10组值，并记下室温t.

【数据记录和处理】

(1) 按表3-7-1记录数据a_i和f_i，并用逐差法处理数据.

(2) 用逐差法处理a_i，计算其结果$\overline{\Delta a}$及其不确定度$u(\Delta a)$，计算$\bar{f}$及其不确定度$u(f)$.

(3) 由Δa与λ的关系，计算$\bar{\lambda}$和不确定度$u(\lambda)$.

(4) 由$v=f\lambda$，计算声速$\bar{v}$及其不确定度$u(v)$，写出声速v的测量结果表达式.

(5) 记录室温t.

(6) 计算声速理论值$v_{理}=v_0\sqrt{\dfrac{T}{T_0}}$，式中，$T=T_0+t$，$v_0=331.45$ m/s，$T_0=273.2$ K.

(7) 将测量值$\bar{v}$与理论值$v_{理}$比较，计算相对误差.

表3-7-1 测量声速的数据记录表

共振干涉法				相位比较法			
次数i	S2的位置a_i/mm	频率f_i/Hz	$\Delta a_i=\|a_{i+5}-a_i\|$/mm	次数i	S2的位置a_i/mm	频率f_i/Hz	$\Delta a_i=\|a_{i+5}-a_i\|$/mm
1				1			
2				2			
3				3			
4				4			
5				5			
6				6			
7				7			
8			$\overline{\Delta a}$=______ $\bar{f}$=______	8			$\overline{\Delta a}$=______ $\bar{f}$=______
9				9			
10				10			

自学提纲

1. 本实验中是如何获得超声波的？测量前为什么要调整信号源的频率？怎样调整？
2. 驻波系统处于共振状态时必须满足的条件是什么？
3. 共振干涉法测量时，怎样知道达到了驻波共振状态？如何用共振干涉法测量波长？测量中要读出声源 S1 的位置吗？
4. 相位比较法测量时，为什么要在李萨如图成直线时进行读数？如何调节可使直线有较合适的倾角？
5. 什么是逐差法？它有什么优点？什么情况下才能使用它？
6. 本实验中，如何用逐差法计算波长？
7. 测量过程中，若保持仪器的状态不变，随着 S2 的远移，示波器屏上显示的纵向幅度为何越来越小？

3.8 光的干涉(用牛顿环测量曲率半径)

光的干涉现象是光波的基本特性之一. 在对光的本性的认识过程中，它为光的波动性提供了重要的实验证据. 光的干涉现象在科学研究和工程技术上有着广泛的应用，如测量光波波长，测量微小物体的长度、厚度和角度，检验加工物体表面的光洁度，测定材料的折射率等.

本实验利用光的干涉现象测量平凸透镜的曲率半径.

【实验目的】

(1) 观察光的等厚干涉现象.

(2) 用牛顿环测量平凸透镜的曲率半径.

(3) 掌握读数显微镜的使用方法.

(4) 掌握用逐差法处理数据.

【实验原理】

牛顿环仪由曲率半径较大的平凸透镜与平面玻璃组成，如图 3-8-1 所示. 在透镜的凸面和平面之间形成一层空气薄膜，厚度从中心接触点到边缘逐渐增加. 当平行的单色光垂直入射时，入射光将在此薄膜上下两表面反射，产生具有一定光程差的两束相干光. 由于透镜的一面为球面，光程差相等的各点连起来的轨迹是一个以接触点为中心的圆，因此，形成的干涉条纹是一个以接触点为圆心的一系列明暗相间的同心圆环，如图 3-8-2 所示. 这样一簇圆环形的干涉条纹叫作牛顿环.

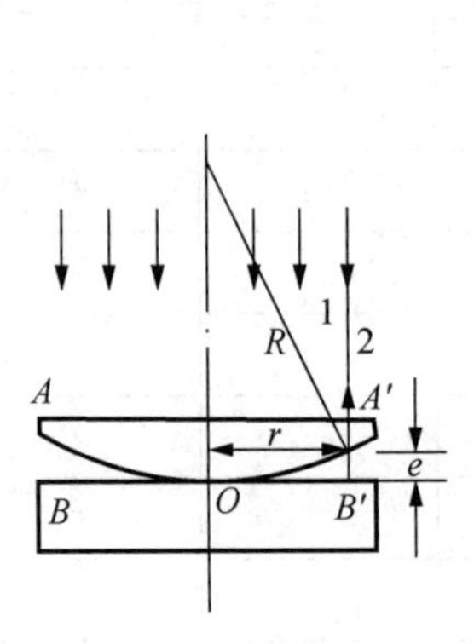

图 3-8-1 牛顿环光路图

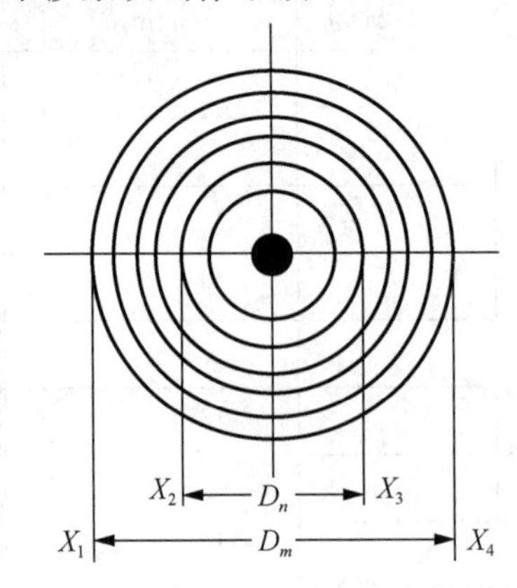

图 3-8-2 牛顿环示意图

设 R 为平凸透镜的曲率半径，r 为牛顿环某环的半径，e 为半径 r 处空气薄膜的厚度，λ 为入射光的

波长. 透镜下表面所反射的光 1 与玻璃平板上表面所反射的光 2 发生干涉,两束光的光程差为

$$\Delta = 2e + \frac{\lambda}{2}. \tag{3-8-1}$$

式中,$\frac{\lambda}{2}$为附加光程差. 它是由光从光疏介质(空气)射向光密介质(玻璃)的交界面上反射时发生半波损失而引起的.

由图 3-8-1 中的几何关系可得

$$r^2 = R^2 - (R-e)^2 = 2Re - e^2.$$

$e \ll R$,所以,$e^2 \ll 2Re$,可将 e^2 从上式中略去,即

$$e = \frac{r^2}{2R}. \tag{3-8-2}$$

将式(3-8-2)代入式(3-8-1),得

$$\Delta = \frac{r^2}{R} + \frac{\lambda}{2}.$$

根据干涉加强和减弱条件,有

亮环:$\Delta = \frac{r^2}{R} + \frac{\lambda}{2} = 2k\frac{\lambda}{2} \quad (k=1, 2, 3, \cdots).$

暗环:$\Delta = \frac{r^2}{R} + \frac{\lambda}{2} = (2k+1)\frac{\lambda}{2} \quad (k=0, 1, 2, \cdots).$

为了便于观察,选暗环为观察对象,当干涉条纹为暗环时,有

$$r^2 = kR\lambda \quad (k=0, 1, 2, \cdots). \tag{3-8-3}$$

由式(3-8-3)可知,当 $k=0$ 时,$r=0$,接触点为暗点. 在已知单色光波长 λ 的情况下,只要测量暗环的半径 r 和暗环的级数 k,就可算出透镜的曲率半径 R. 由于接触点处机械压力引起玻璃弹性形变,以及接触点处不十分干净(有灰尘等),因此接触点不可能是一个理想点,而是一个明暗不清的模糊圆斑,这样,在测量时,就无法确定暗环的级数,也无法精确测量暗环的半径,直接用式(3-8-3)测量曲率半径 R,会带来较大误差. 为此,通常取两个暗环的直径的平方差来计算 R.

设第 m 级暗环和第 n 级暗环的直径分别为 D_m 和 D_n,根据式(3-8-3),有

$$\left(\frac{D_m}{2}\right)^2 = mR\lambda,$$

$$\left(\frac{D_n}{2}\right)^2 = nR\lambda.$$

将两式相减,得

$$D_m^2 - D_n^2 = 4(m-n)R\lambda.$$

即

$$R = \frac{D_m^2 - D_n^2}{4(m-n)\lambda}. \tag{3-8-4}$$

式(3-8-4)表明,两暗环直径的平方差只与它们相隔几个暗环的数目$(m-n)$有关,而与它们各自的级数无关. 因此,测量时,我们就可以用环数代替级数,从而避开了难以确定级数 k、难以精确测量半径 r

的困难，提高了测量的精确度. 这是物理实验中常用的处理方法.

由式(3-8-4)可见，在已知单色光波长 λ 的情况下，只要测出第 m 条暗环的直径 D_m、第 n 条暗环的直径 D_n 和环数差 $(m-n)$，即可计算出透镜的曲率半径 R.

【实验器材】

读数显微镜、牛顿环、钠光灯.

整个实验装置如图 3-8-3 所示. 图中的读数显微镜是一种测量物体微小尺寸或微小距离变化的仪器. 它是由一个带十字叉丝的显微镜和一个螺旋测微装置所组成的. 显微镜包括目镜、十字叉丝和物镜. 整个显微镜与套在测微螺杆的螺母管套相固定. 当转动测微鼓轮时，测微螺杆推动显微镜和主尺的读数刻线沿主尺移动. 主尺每一格为 1 mm，测微鼓轮圆周等分 100 小格，测微鼓轮转动一周，主尺的读数刻线沿主尺移动 1 mm，因此，测微鼓轮上一小格代表 0.01 mm，可估读到千分之几毫米. 读数方法与螺旋测微计相同.

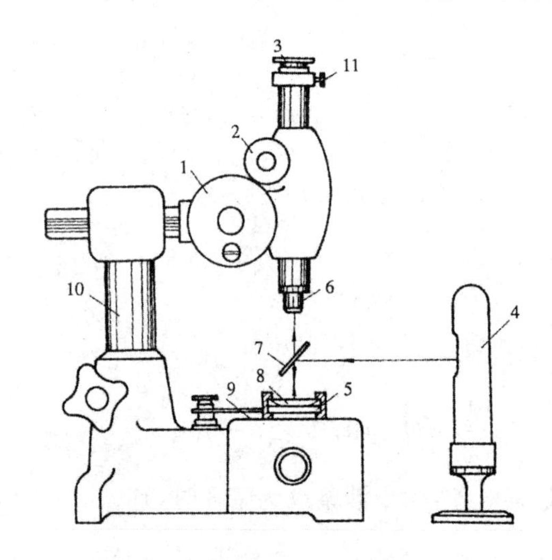

1—测微鼓轮；2—调焦手轮；3—目镜；4—钠光灯；5—平面玻璃；6—物镜；
7—45°玻璃片；8—平凸透镜；9—载物台；10—支架；11—锁紧螺钉

图 3-8-3 测量牛顿环装置图

【实验内容与步骤】

1. 目测观察牛顿环仪的干涉条纹

仔细调节牛顿环仪的三个螺丝，目测观察，使干涉条纹稳定地处于牛顿环仪的中央位置，并使牛顿环条纹中心点最小.

2. 调节读数显微镜

(1) 照明.

按图 3-8-3 安置好实验仪器. 将读数显微镜的物镜对准牛顿环仪的中央. 移动读数显微镜，对准钠光灯源，同时微调 45°平面反射玻璃片，使钠光灯发出的单色光经 45°平面反射玻璃片反射后垂直向下入射到牛顿环上，使视场最亮.

(2) 调焦.

① 旋动目镜，改变目镜与叉丝之间的距离，直到能清晰地看清叉丝为止.

② 将读数显微镜的物镜靠近待测的牛顿环仪，旋转调焦手轮，改变牛顿环仪与物镜之间的距离，使牛顿环通过物镜成的像恰好在叉丝平面上，直到在目镜中能同时看清叉丝和放大的牛顿环的像为止.

3. 用读数显微镜观察牛顿环仪的干涉条纹

转动测微鼓轮，左右移动显微镜，观察牛顿环条纹的特征.

4. 测牛顿环直径

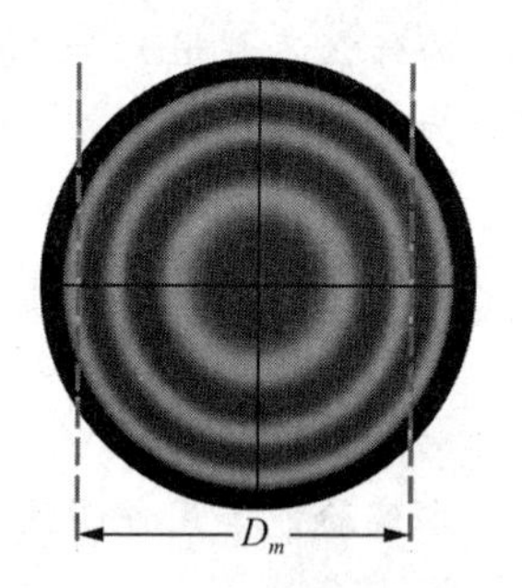

图 3-8-4 测量暗环直径示意图（$m=2$，左边虚线与环外侧相切，右边虚线与环内侧相切）

(1) 转动测微鼓轮，使显微镜移动，观察十字叉丝是否有一条与镜筒移动方向垂直，而另一条与镜筒移动方向平行（即与标尺平行），若不符，则松开锁紧螺钉，适当旋动目镜筒，使之达到上述状态。

(2) 转动测微鼓轮，从牛顿环中心向左按顺序数到第 25 环（暗环），再反向转退到 $m=20$ 环，使叉丝与暗环的外侧相切，如图 3-8-4 所示（$m=2$），记录标尺读数。继续转动鼓轮，使叉丝依次与牛顿环左方第 19，18，17，16，15，14，13，12，11 环的外侧相切，记下相应的读数。再继续转动测微鼓轮，使叉丝经过牛顿环中心并依次与右方第 11，12，13，14，15，16，17，18，19，20 环的内侧相切，记下相应的读数。在测量时，要格外小心，测微鼓轮应沿一个方向旋转，中途不得反转，以免螺距空程引起误差。

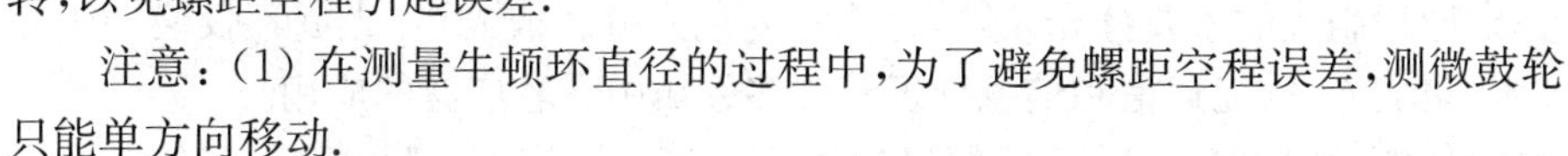

注意：(1) 在测量牛顿环直径的过程中，为了避免螺距空程误差，测微鼓轮只能单方向移动。

(2) 开始测量时，先数到第 25 环再反向转退到 $m=20$ 环，是为了避免螺距空程误差。

(3) 先使叉丝与左方的暗环外侧相切，再与右方的暗环内侧相切，是因为牛顿环条纹有宽度。

(4) 读数显微镜在调节中要防止其物镜处的 45°玻璃片与牛顿环仪相碰，以免损坏仪器。

【数据记录与处理】

(1) 将实验测得的数据填入表 3-8-1 中，$m-n=5$，用逐差法计算平均值 $\overline{D_m^2-D_n^2}$。

表 3-8-1 数据测量表

环数		显微镜读数/mm		暗环直径 D/mm	D^2 /mm^2	$D_m^2-D_n^2$ /mm^2
		左方	右方			
m	20					
	19					
	18					
	17					
	16					
n	15					平均值 $\overline{D_m^2-D_n^2}=$______
	14					
	13					
	12					
	11					

(2) 已知钠光波长 $\lambda=5.893\times10^{-4}$ mm，根据下式计算透镜的曲率半径：

$$\overline{R}=\frac{\overline{D_m^2-D_n^2}}{4(m-n)\lambda}.$$

自 学 提 纲

1. 牛顿环中心会不会出现明斑？为什么？对测量有无影响？

2. 为什么不利用 $r^2 = kR\lambda$ 测量 R？
3. 为什么牛顿环相邻两暗环(或亮环)之间的距离靠近中心的要比靠近边缘的大？
4. 简述读数显微镜的调节步骤.
5. 在使用读数显微镜测量牛顿环直径的过程中，为了避免螺距空程误差，应注意什么？
6. 在测量时，若十字叉丝交点不通过圆环中心，则测量的是弦而不是直径，问对实验结果是否有影响？为什么？
7. 本实验能否用作图法计算 R？如何作图？如何计算？

3.9　光的衍射(用光栅测量光波波长)

光栅是一种根据多缝衍射原理制成的重要分光元件，它能将复色光分解成光谱. 光栅不仅应用于光谱技术中，而且还在计量技术、集成光学、光通信和信息处理等许多领域中有着广泛的应用.

本实验使用的分光计装置精密，结构复杂，它可以精确地测量角度，然后间接地测量出其他一些光学量，如光波波长、折射率、色散率等. 分光计的调整方法和操作技能在光学仪器中具有一定的普遍意义，而且它的基本光学结构又是许多光学仪器(如摄谱仪、单色仪、分光光度计等)的基础.

【实验目的】

(1) 观察光栅衍射现象.
(2) 学会用光栅测量光波波长的方法.
(3) 熟悉分光计的调节与使用.

【实验原理】

用高精度机械刀在光学玻璃片上刻痕，这些刻痕平行、等宽而又等间距. 刻痕间形成多缝组合称作光栅. 刻痕为不透光部分(宽为 a)，刻痕之间为透光狭缝(宽为 b)，两缝间距 $d = a + b$，称为光栅常数，它是描述光栅性能的一个重要参数. 利用复制或全息干涉照相，亦可制造光栅. 光栅的作用是将不同波长的波阵面分离开来. 光栅衍射方法既可用透射又可用反射，本实验用透射光栅进行衍射.

根据夫琅禾费的衍射理论，当一束平行光垂直照射到光栅平面时，每条狭缝对光波都发生衍射，各条狭缝的衍射光又彼此发生干涉，故光栅衍射条纹是衍射与干涉的总效果. 衍射光谱中明纹条件为

$$d\sin\beta_k = k\lambda,\quad k = 0, \pm 1, \pm 2, \cdots. \tag{3-9-1}$$

式中，k 为衍射加强(亮条纹)的级数；β_k 为第 k 级亮条纹对应的衍射角；λ 为入射光的波长. 由式(3-9-1)可知，当入射光为复色光时，对不同波长 λ 的光，其衍射角 β_k 各不相同，从而把复色光分解成为单色光. 中央明纹 ($k = 0$) 是各色光零级明纹的重叠，其两侧对称地分布着 $k = \pm 1, \pm 2, \cdots$ 各级光谱. 每级光谱都按波长大小顺序依次排成一组彩色谱线. 图 3-9-1 为汞灯的光栅衍射光谱示意图.

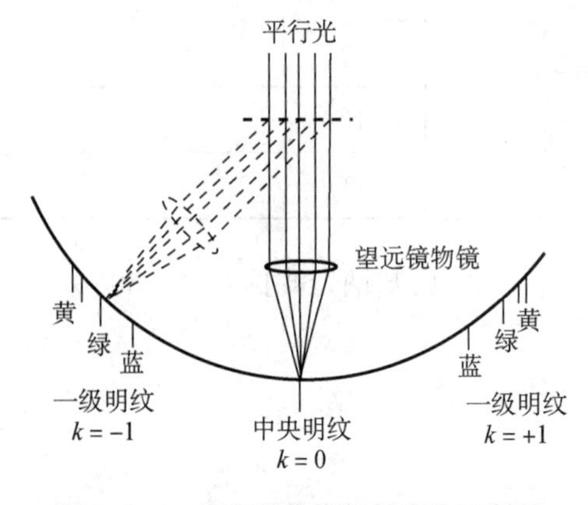

图 3-9-1　汞灯的光栅衍射光谱示意图

由式(3-9-1)可知，如已知某一谱线的波长 λ_1，而另一谱线的波长 λ_2 未知，则只要测出第 k 级光谱中这两条谱线所对应的衍射角 β_1 和 β_2，就可算出未知波长 λ_2 和所用光栅的光栅常数 d：

$$d\sin\beta_1 = k\lambda_1,\quad d\sin\beta_2 = k\lambda_2.$$

即
$$\lambda_2=\frac{\sin\beta_2}{\sin\beta_1}\lambda_1,\quad d=\frac{k\lambda_1}{\sin\beta_1}.$$

【实验器材】

分光计、衍射光栅、汞灯.

1. 分光计的结构介绍

分光计是用来精确测量角度的仪器. 它主要由底座、载物台、读数装置、望远镜和平行光管等五部分组成. 下面以 JJY 型分光计为例介绍分光计的结构，图 3-9-2 为其外形结构简图.

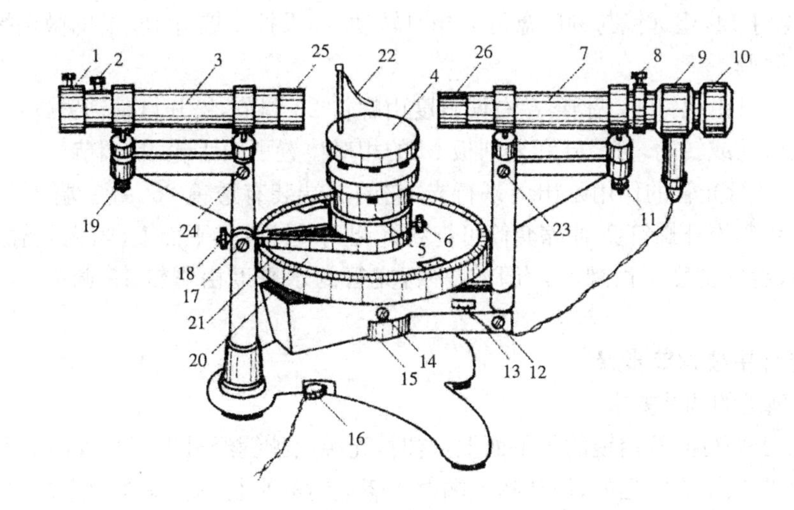

1—狭缝宽度调节螺丝；2—狭缝装置锁紧螺钉；3—平行光管；4—载物台；5—载物台调平螺钉(3个)；6—载物台锁紧螺钉；7—望远镜；8—目镜锁紧螺钉；9—阿贝式自准直目镜；10—目镜调节手轮；11—望远镜水平度调节螺钉；12—望远镜微调螺钉；13—照明器插座；14—望远镜与刻度盘连接螺钉；15—望远镜锁紧螺钉(在另一侧)；16—分光计底座插座；17—游标盘微调螺钉；18—游标盘锁紧螺钉；19—平行光管水平度调节螺钉；20—游标盘；21—刻度盘；22—夹持待测物的弹簧片；23—望远镜左右偏斜度调节螺钉；24—平行光管左右偏斜度调节螺钉；25—平行光管透镜；26—望远镜物镜

图 3-9-2 JJY 型分光计外形结构简图

(1) 底座. 底座上装有中心转轴(又称主轴)，轴上装有可绕轴转动的望远镜 7、刻度盘 21、游标盘 20 和载物台 4，其中一个底脚的立柱上装有平行光管 3.

(2) 载物台. 载物台是一个用来放置棱镜、光栅或其他光学元件的平台. 平台上有夹持待测物的弹簧片 22，平台下有 3 个调平螺钉 5，可以调节载物台的水平度，当松开螺钉 6，载物台可单独绕仪器的中心转轴转动. 如拧紧螺钉 6，载物台可与游标盘 20 固定在一起. 螺钉 18 用以固定游标盘的位置，然后调节螺钉 17 使之微动.

(3) 读数装置. 读数装置由刻度盘 21 和游标盘 20 组成，它们分别套在中心转轴上. 在同一直径的两端各装一个游标读数装置，这样可以消除因刻度盘中心和仪器转轴的中心不重合所引起的偏心差. 刻度盘分为 360°，最小刻度为 0.5°(30′)，小于 0.5°则利用游标读数. 游标上刻有 30 小格，与刻度盘上 29 个小格等长，故刻度盘上 1 小格与游标上 1 小格之差为 1′. 因此，该游标的分度值为 1′.

(4) 望远镜. 如图 3-9-3 所示，望远镜由物镜、分划板 M、全反射棱镜 c、目镜 d 和照明灯 e 组成. 由照明灯 e 发出的光，经全反射棱镜 c 照亮十字透光窗 g，十字透光窗 g 和分划板 M 上的刻线在同一平面上，当它们正好处于物镜的焦平面时，则发出的光通过物镜后成为平行光束，射向反射平面镜 f. 如果此平面镜与望远镜的光轴垂直，则反射光再次通过物镜，会聚在焦平面(即十字 g 所在平面)上，形成十字反射像. 这时十字 g 和它的反射像分别位于光轴的上下两侧，并对称于光轴，观测者可以从望远镜中观察到图 3-9-4 所示的图像. 这种结构的望远镜称为阿贝式自准直望远镜.

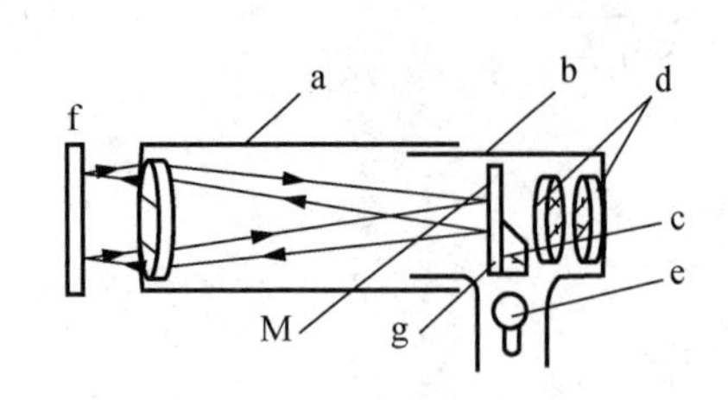

图 3-9-3　阿贝式自准直望远镜

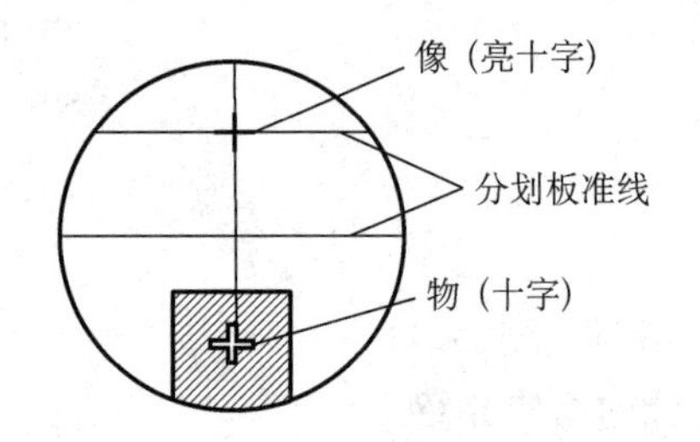

图 3-9-4　望远镜中观察到的自准直状态

当旋紧螺钉 14，望远镜的支架和刻度盘 21 固定在一起，可绕仪器中心转轴旋转，其角坐标可从刻度装置上读出. 松开螺钉 14，望远镜与刻度盘可以相对转动. 如果拧紧螺钉 15，借助微调螺钉 12，可以对望远镜的角位置进行微调.

望远镜的水平度可由螺钉 11 调节，左右偏斜度由螺钉 23 调节，松开目镜锁紧螺钉 8，阿贝式自准直目镜 9 可以沿光轴移动或转动. 目镜 d 和分划板 M 的相对位置可由手轮 10 调节.

（5）平行光管. 平行光管的作用是出射平行光. 它的一端装有透镜 25，另一端装有一个可伸缩的套筒，套筒末端有一狭缝，松开螺钉 2，伸缩套筒可把狭缝调到透镜的焦平面上，当光照射到狭缝时，平行光管就出射平行光. 狭缝的宽度可由螺丝 1 调节，平行光管的水平度由螺钉 19 调节，左右偏斜度由螺钉 24 调节.

2. JJY 型分光计主要调节步骤

（1）分光计应满足的调节要求.

① 狭缝必须处于平行光管透镜的焦平面上，这时，光源由狭缝经过平行光管出射平行光束.

② 望远镜必须聚焦于无穷远处，使从物镜端射入望远镜的平行光会聚在望远镜的叉丝平面上.

③ 望远镜光轴必须严格垂直于仪器中心转轴. 此时转动望远镜时，其光轴扫过的平面精确地平行于刻度盘平面，这样，刻度盘上测出的角度就精确地等于望远镜的转角，即光线偏转角.

（2）分光计的具体调节步骤.

① 目测粗调.

a. 对照实物熟悉图 3-9-2 中分光计各部分的具体结构和作用.

b. 对分光计进行粗调，即用眼睛目测，使载物台和平行光管基本水平，并使平行光管与望远镜基本在同一直线上.

② 调节望远镜，使之能接收平行光并会聚在望远镜的叉丝平面上.

a. 开亮照明灯，眼睛对着目镜 9 观察，转动目镜调节手轮 10，使分划板上的准线清晰.

b. 松开目镜锁紧螺钉 8，手持小平面镜，并贴近望远镜的物镜 26，同时，前后移动阿贝式自准直目镜 9，使分划板处的十字窗口（实际为十字光源）被平面镜反射后，在分划板上形成一个清晰的绿色十字像.

这时，望远镜聚焦于无穷远处，表示望远镜可以接收平行光了，轻轻锁紧螺钉 8，此后，目镜前后位置不能随便移动.

③ 调节望远镜光轴与仪器中心转轴垂直.

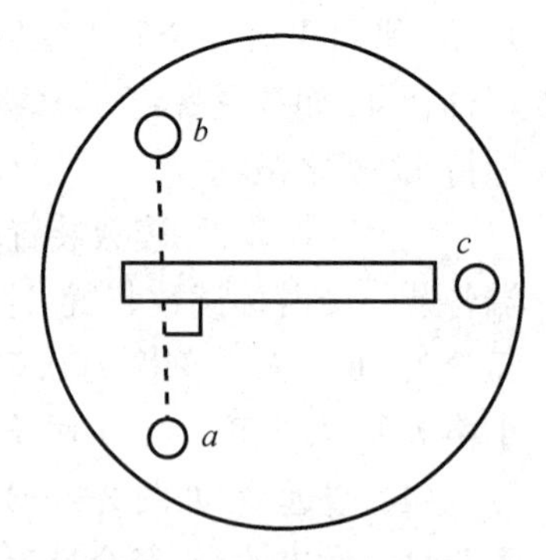

图 3-9-5　平面镜放置要求

a. 将平面镜放在载物台 4 上，为了调节方便，平面镜与载物台的三个调平螺钉的相对位置应满足图 3-9-5 所示之要求. 松开载物台锁紧螺钉 6，转动载物台，使平面镜与望远镜光轴基本垂直.

b. 仔细调节载物台调平螺钉 a，b，c，使载物台基本水平，再用“自测法”调节望远镜水平度调节螺钉 11，使望远镜光轴基本水平.

c. 眼睛对着目镜仔细观察，一手以微小角度轻轻转动载物台，同时，另一手轻轻旋动望远镜水平度调节螺钉,使望远镜缓慢抬高(或降低),这时,在分划板上方会出现绿色十字反射像,如图 3-9-6 所示,一旦十字像在分划板上方出现,立即停止调节.若没有观察到十字像,则回到步骤 b.

d. 缓慢转动载物台,把平面镜转过 180°,使平面镜的另一面正对望远镜,这时,从望远镜中可观察到分划板上的十字反射像.若没有观察到十字反射像,则回到步骤 b.

e. 通过以上调节,平面镜正、反两个平面的十字反射像都已出现在分划板上,接着再用“$\frac{1}{2}$间距调节法”把平面镜正反两面的十字反射像都调至分划板 BB'准线上.“$\frac{1}{2}$间距调节法”介绍如下:

若希望将图 3-9-7 中的十字像移至目标线 BB'上,我们可以分两步进行:先调节望远镜水平度调节螺钉,使十字像距目标线(即 BB')的距离减小到$\frac{d}{2}$;再调节载物台调平螺钉 a 或 b(或说靠近自己的螺钉),使十字像移至目标线 BB'上.

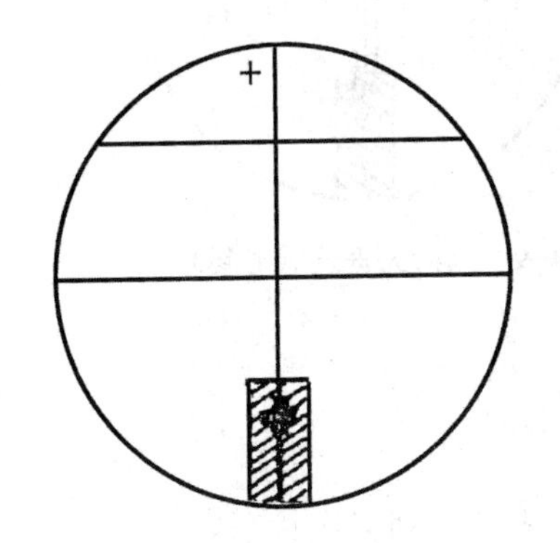

图 3-9-6 分划板上方出现绿色十字反射像

图 3-9-7 “$\frac{1}{2}$间距调节法”示意图

若不采用“$\frac{1}{2}$间距调节法”进行调节,则很可能出现这样的情况:平面镜某一面的十字像消失了.这样就会影响调节进程.应该注意,在“$\frac{1}{2}$间距调节法”的调节过程中,应多次转动载物台,使平面镜转过 180°,反复用“$\frac{1}{2}$间距调节法”调节,直至平面镜正、反两面的十字反射像都位于分划板准线 BB'上.

至此,望远镜光轴已与仪器中心转轴垂直.这时,望远镜水平位置已调好,望远镜水平度调节螺钉 11 不能再随意旋动.

步骤③是分光计调节的重点和难点,为了便于理解,把步骤③按流程图的形式小结如下:

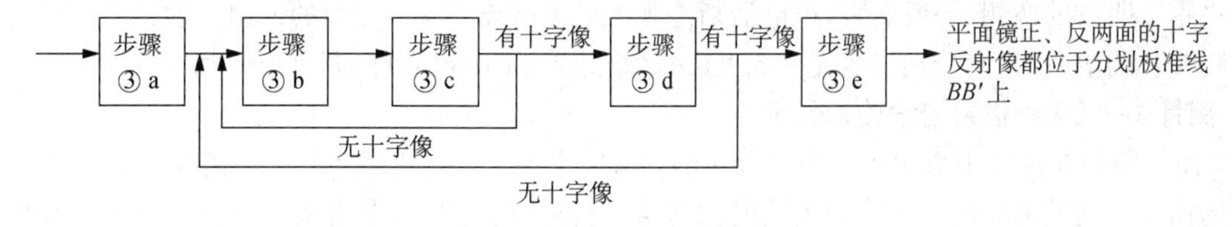

④ 调节平行光管,使之出射平行光.

a. 取下载物台上的平面镜,开启低压汞灯对准平行光管狭缝.从侧面与俯视两个方向用目测方法把平行光管的光轴大致调到与望远镜的光轴相一致.

b. 从望远镜中观察狭缝像.松开狭缝装置锁紧螺钉 2,前后移动狭缝装置,调节平行光管狭缝与透镜 25 之间的距离,使在望远镜中观察到的狭缝像最清晰.此时,平行光管狭缝正好位于透镜的焦平面上,因此,平行光管出射平行光.微微旋动狭缝宽度调节螺丝 1,使狭缝像宽约 1 mm.

⑤ 调节平行光管，使平行光管光轴与仪器中心转轴垂直.

旋动狭缝装置，将狭缝转至水平方向，调节平行光管水平度调节螺钉 19 和平行光管左右偏斜度调节螺钉 24，并轻轻微动望远镜左右位置，使望远镜内观察到的狭缝像与分划板准线 AA' 重合，且被竖直准线平分，如图 3-9-8 所示. 此时，平行光管光轴正好与望远镜光轴处于同一直线上. 由于在步骤③中已使望远镜光轴与仪器中心转轴垂直，因此，平行光管光轴也与仪器中心转轴垂直. 再将狭缝转过 90°至竖直方向，使狭缝像与分划板竖直准线重合.

至此，分光计已达到工作状态.

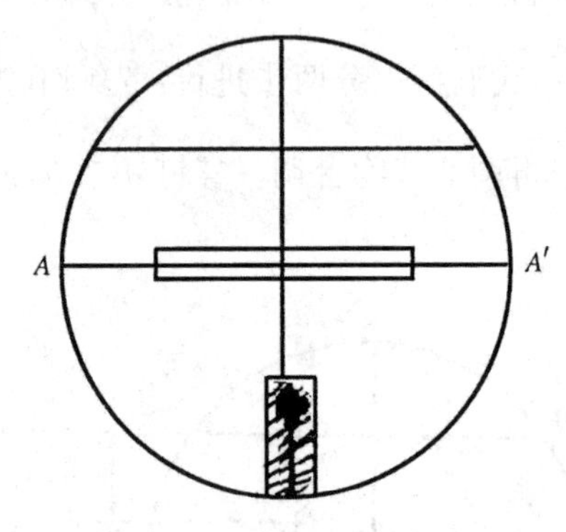

图 3-9-8 平行光管与望远镜同轴

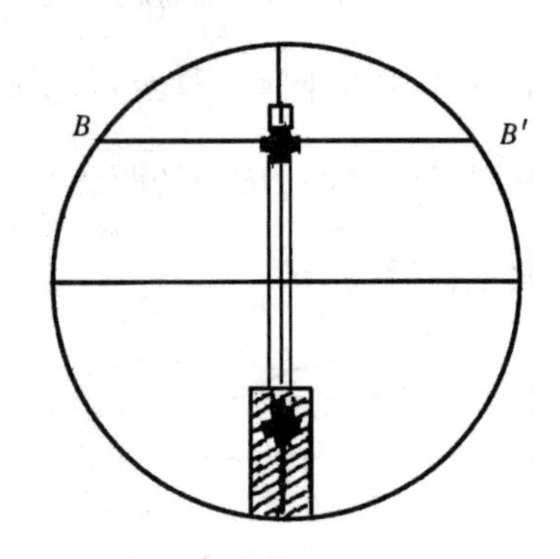

图 3-9-9 入射光垂直照射到光栅表面

【实验内容与步骤】

1. 调节分光计

按“JJY 型分光计主要调节步骤”对分光计进行调节，使分光计达到工作状态.

2. 调节载物台，使入射光垂直照射到光栅表面

把光栅按平面镜的位置放在载物台上，并使其表面大致与平行光管垂直，微微转动载物台，这时，在望远镜内应该可以看到被光栅表面反射回来的十字像. 由于光栅底座存在偏差，因此，十字像往往不在 BB' 准线上，这时，只需微微调节载物台调平螺钉 a 或 b（望远镜水平度调节螺钉不能旋动），使十字像移至 BB' 准线上. 有时偏差太大，十字像看不到，则需仔细调节载物台调平螺钉 a 或 b，直至看到十字像并使之位于 BB' 准线上. 测量以前，在望远镜中观察到的狭缝像、十字反射像以及准线的相对位置必须满足图 3-9-9 所示的要求，此时，平行光已垂直入射到光栅表面了，至此，光栅与平行光管不能再动.

注意：只需调节光栅其中一面的十字反射像.

3. 观察光栅衍射现象

转动望远镜，观察汞光源发出的光经过光栅衍射的谱线. 可以发现，各种波长的衍射条纹对称地分布在中央零级明纹的两侧. 一般而言，可以清晰地观察到 $k=\pm1$，$k=\pm2$ 的四组衍射谱线，每组至少有四条不同波长的谱线，它们分别为蓝光 435.8 nm，绿光 546.1 nm，黄光 577.0 nm 和 579.1 nm.

4. 测量 $k=\pm1$ 级衍射谱线的衍射角

(1) 由于衍射光谱对中央明纹是对称分布的，因此，$k=+1$ 级的某一波长的谱线与 $k=-1$ 级的同一波长的谱线之间的夹角的一半为该谱线的衍射角，先将望远镜对准中央明纹，然后，向右转动望远镜，用垂直准线对准 $k=+1$ 级的绿色谱线，从分光计的读数装置中分别读取左、右游标的数据，并记录在表 3-9-1 相应的位置上. 读数方法类似于游标卡尺.

(2) 再将望远镜微微向左转动，用垂直准线对准 $k=+1$ 级的蓝色谱线，用以上同样方法读取左、右游标的数据，并作记录.

(3) 将望远镜继续向左转动，经过中央明纹后再向左转动，用垂直准线分别对准 $k=-1$ 的蓝色谱线和 $k=-1$ 的绿色谱线，分别用同样的方法读取数据，并作记录.

【注意事项】

（1）分光计各部分的锁紧螺钉及调节螺钉比较多，在不清楚这些螺钉的作用与用法前，请不要乱旋硬扳，以免损坏仪器.

（2）请勿用手触摸光栅表面以及各透镜表面，以免损坏.

【数据记录与处理】

（1）将实验所测得的数据填入表 3-9-1 中.

表 3-9-1　测量数据记录表

谱线	游标	$k=-1$ 级谱线位置	$k=+1$ 级谱线位置	左游标转角 $\varphi=\lvert\theta_1-\theta_2\rvert$	右游标转角 $\varphi'=\lvert\theta'_1-\theta'_2\rvert$	转角 $\bar{\varphi}=\frac{\varphi+\varphi'}{2}$	衍射角 $\beta=\frac{\bar{\varphi}}{2}$
蓝光	左游标	$\theta_1=$	$\theta_2=$				
	右游标	$\theta'_1=$	$\theta'_2=$				
绿光	左游标	$\theta_1=$	$\theta_2=$				
	右游标	$\theta'_1=$	$\theta'_2=$				

（2）已知汞光谱蓝光的波长 $\lambda_1=435.8$ nm，请测量绿光波长 λ_2 及所用光栅的光栅常数 d（请写出计算过程，λ_2 和 d 分别保留四位有效数字）.

（3）绿光波长的准确值 $\lambda_0=546.1$ nm，请计算波长测量的相对误差（结果保留一至两位有效数字）：

$$E_\lambda=\frac{\lvert\lambda_2-\lambda_0\rvert}{\lambda_0}\times 100\%.$$

自学提纲

1. JJY 型分光计由哪几个主要部件组成？它们的作用各是什么？
2. 望远镜光轴为何必须严格垂直于仪器中心转轴？如何调节？
3. 什么是“$\frac{1}{2}$间距调节法”？为什么在调整望远镜光轴与仪器中心转轴垂直时，应该采用“$\frac{1}{2}$间距调节法”？
4. 在本实验中，入射到光栅表面的光有何要求？
5. 什么状态下可以说明平行光管已出射平行光？如何调节？
6. 什么状态下可以说明入射光已垂直照射到光栅表面？如何调节？
7. 分光计刻度盘上有左、右两个游标装置，这种设计有何优点？如何读数？
8. 如果望远镜从游标读数为 351°25′顺读数增加方向转动到 10°21′，请问望远镜实际转过的角度为多少？

3.10　迈克尔逊干涉实验

实现光的干涉现象，一般是把同一光源发出的光分成两个光束，使它们经过不同路程后再会聚，在汇合处的两束光有一定的光程差，产生干涉现象.

迈克尔逊干涉仪就是根据这个原理，实现干涉现象的光学仪器. 其原理简明，构思巧妙，结构精细，用途广泛，是著名的精密光学仪器. 根据迈克尔逊干涉仪的基本原理研制的各种精密仪器，已广泛应用于生产和科学研究领域.

【实验目的】

(1) 了解迈克尔逊干涉仪的原理和结构，学习仪器调节方法.

(2) 观察非定域干涉条纹，测量 He-Ne 激光的波长.

【实验原理】

1. 迈克尔逊干涉仪原理简介

图 3-10-1 为迈克尔逊干涉仪的光路图，其中，G_1，G_2 是两块材料相同、厚薄相等、两面平行的玻璃板. G_1 的一面(用粗线表示)镀有半透明的薄银层，这一薄膜可使射入 G_1 上的光线，一半在该界面反射，一半透过界面，故称其为分光板.

平面反射镜 M_1，M_2 的位置相互垂直，G_1，G_2 相互平行，并处于与 M_1，M_2 皆成 45°角的位置，E 为毛玻璃屏.

由 S 发出的光，经凸透镜会聚后，成一点光源. 其中，一束光射入 G_1，在半透半反面处分成两部分，一部分光线透过界面形成光束“1”，另一部分光线被界面反射，形成光束“2”. 光束“1”经过 G_2 射到 M_1，被 M_1 反射回来再一次经过 G_2，回到 G_1，又被 G_1 的薄膜反射到屏 E 上；光束“2”射到 M_2，被 M_2 反射回来并通过 G_1，到达屏 E. 在一定条件下，汇合在 E 处的光束“1”“2”是相干光，所以，在 E 处可见到干涉条纹.

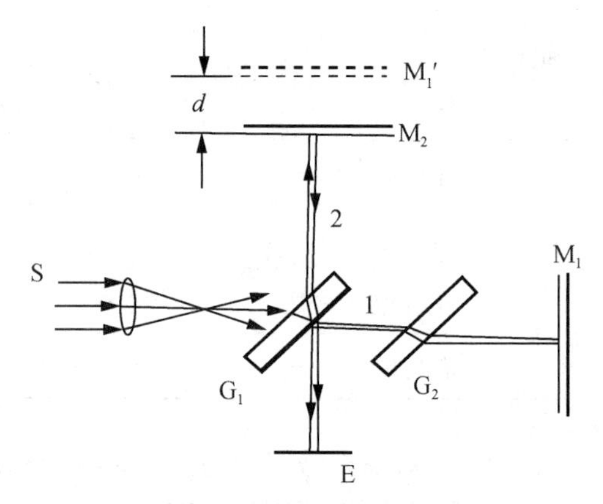

图 3-10-1　迈克尔逊干涉仪光路图

可以看到，装置 G_2 的目的是使光束“1”也能两次通过玻璃板，则光束“1”与光束“2”在玻璃中的光程相等，所以，G_2 叫补偿板.

2. 点光源产生的干涉图样

用凸透镜会聚后的激光束，是一很强的点光源. 经平面镜M_1'(是 G_1 的薄膜所形成的 M_1 的虚像)和 M_2 反射后，相当于 M_2 后的两个虚光源 S_1'，S_2 发出的相干光束(图 3-10-2). S_1'和 S_2 的距离是 M_1'和 M_2 距离 d 的两倍，即 $2d$. 虚光源 S_1'，S_2 发出的球面波，在它们相遇的空间处处相干，因此形成非定域干涉图样. 在迈克尔逊干涉仪中，毛玻璃屏一般处在垂直于 S_1'，S_2 的连线位置，观察到的干涉图样是一组同心圆，圆心 O 点就是 S_1'，S_2 连线与屏 E 的交点.

如图 3-10-2 所示，设虚光源 S_1'和 S_2 发出的两条光线，交于屏 E 上的 A 点，入射角为 θ，当 θ 不太大时，经推导，两光线的光程差为

$$\delta = 2d\cos\theta. \qquad (3\text{-}10\text{-}1)$$

可见，光到达屏上各点的光程差，决定于该光线对 E 的入射角 θ，即入射角 θ 相同的各点处，光程差相同，它们的干涉情况相同. 这些点组成了以 O 为圆心的圆. 因此，屏上就出现了以 O 为圆心的圆环状的干涉条纹.

产生明暗条纹的条件为

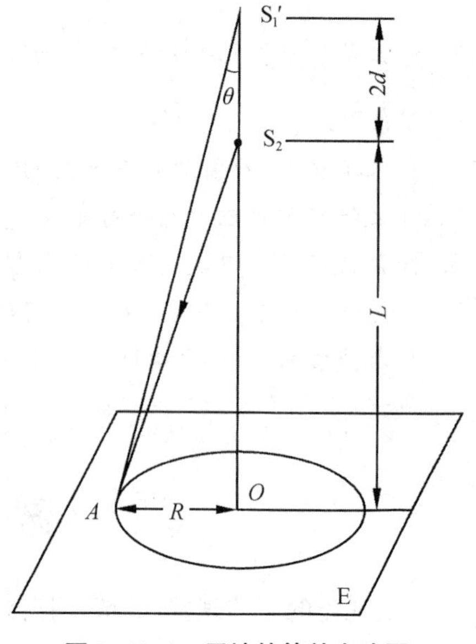

图 3-10-2　干涉的等效光路图

$$\delta = 2d\cos\theta = \begin{cases} k\lambda \quad (k=0,\ 1,\ 2,\ \cdots), & \text{明纹}, \\ (2k+1)\dfrac{\lambda}{2} \quad (k=0,\ 1,\ 2,\ \cdots), & \text{暗纹}. \end{cases} \tag{3-10-2}$$

由式(3-10-2)可知:

(1) 光线入射角 $\theta=0$ 时,就是中心 O 点的干涉情况,这时,光程差 $\delta=2d$ 最大,所以,O 点处对应的干涉条纹级数最高.半径越大的干涉条纹,θ 角也越大,光程差就越小,所以,干涉级数就越低.

(2) 对某一级圆环而言,移动 M_2,使 d 增大时,θ 随之增大,可看到圆环一个一个地从中心"涌出",而后向外扩张;反之,d 减小,圆环逐渐向中心"缩进".设 M_2 移动距离 Δd,相应地,圆心处"涌出"(或"缩进")的圆环数为 N,由式(3-10-2)可得 $2\Delta d=N\lambda$,所以

$$\lambda = \frac{2\Delta d}{N}. \tag{3-10-3}$$

可见,从仪器上读出 Δd 及数出相应的 N,就可以测出波长 λ 了.

(3) d 较大时,光程差每改变一个波长所需的 θ 的变化值较小,即相邻两条亮环(或暗环)的间隔较小,看上去,圆环细而密;反之,d 较小时,圆环粗而疏.

【实验器材】

迈克尔逊干涉仪、He-Ne 激光器、扩束镜、调节架.

迈克尔逊干涉仪结构如图 3-10-3 所示.

1—平面反射镜 M_1,固定不动,又称定镜.

2—平面反射镜 M_2,可沿导轨移动,又称动镜.

3,12—分别为 M_1,M_2 背面的三个螺钉,可调 M_1,M_2 镜面的倾斜度,称为 M_1,M_2 的粗调螺钉.各螺钉的调节范围是有限的.若过松,则会使镜面倾角不稳定;若太紧,则会使镜面变形,致使干涉条纹畸形,应加以注意.

4,5—分别为补偿板 G_2 和分光板 G_1.

6—毛玻璃观察屏.

7—紧固螺钉.转动粗调手轮,必须先松开紧固螺钉,否则会损伤精密螺杆.转动微调鼓轮时,则要拧紧紧固螺钉.

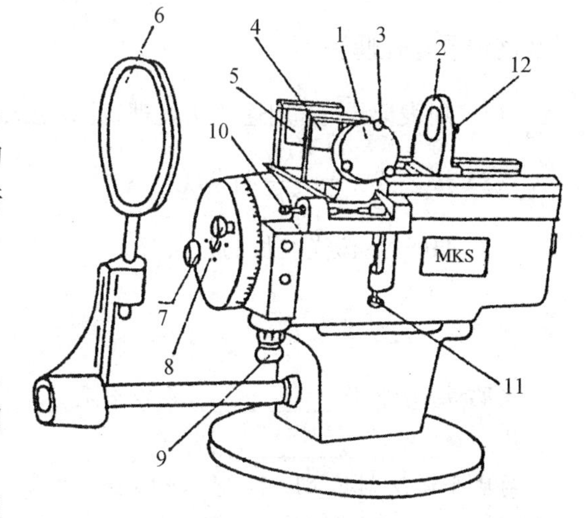

图 3-10-3　迈克尔逊干涉仪

8—粗调手轮.手轮与导轨内精密螺杆联动,螺杆通过滑块及顶块带动置于导轨上的动镜 M_2 移动.粗调手轮可以粗调 M_2 的位置.粗调手轮转一周,M_2 在导轨上平移 1 mm 距离.手轮一圈有 100 分格,粗调手轮每转一小格,M_2 移动 0.01 mm.故手轮上标有 0.01 字样,表示格值为 0.01 mm/格.

9—微调鼓轮.可以微调 M_2 位置,鼓轮上标有 0.000 1 字样.微调鼓轮每转一圈,粗调手轮移动一格(0.01 mm),微调鼓轮上又有 100 格,每转 1 格,M_2 移动 0.000 1 mm.

10,11—分别是 M_1 的水平和垂直微调螺丝,微动调节干涉图样的水平及垂直位置.

【实验内容与步骤】

1. 仪器调节及观察干涉条纹

(1) 使激光束大致垂直射到 M_1 上,在 M_1 和 M_2 上都可看到光点.再用纸片遮住 M_1,在激光器处可看到由 M_2 反射回的一组亮点.仔细调节激光器的高、低、左、右及倾角,使反射回的亮点中最亮的一点返

回到激光器的出射孔中.

(2) 拿去遮 M_1 的纸片,观察屏 E 上可看到两组分别从 M_1 及 M_2 处反射来的亮点. 调节 M_1 背面的螺钉 3,使两组亮点一一重合,这时,M_1 与 M_2 大致垂直了.

(3) 在激光束入射到 G_1 的光路中加进扩束镜(短焦距透镜),调节它的高、低、左、右,使通过它后的扩束激光照向 G_1,然后分别照向 M_1 和 M_2. 此时,一般在屏 E 上就会出现干涉条纹(若没有,应仔细检查以上两个步骤). 再仔细调节 M_1 下部的微调螺丝 10 及 11,就可看到位置适中、条纹清晰的圆环状的非定域干涉条纹了.

(4) 缓慢旋转粗调手轮 8(或微调鼓轮 9),使 M_2 移动,可看到条纹的"涌出"或"缩进"现象,判断 d 是如何变化的. 观察条纹的粗细、疏密与 d 的关系.

2. 测量 He-Ne 激光的波长

(1) 调整读数刻度基准线. 松开紧固螺钉 7,转动粗调手轮 8,使其某一刻度线与读数基准线对齐;再转动微调鼓轮 9,使其零刻度线与其准线对齐. 随即旋紧紧固螺钉 7.

(2) 缓慢转动微调鼓轮 9,可看到条纹一个一个地"涌出"(或"缩进")时,记下手轮 8 和鼓轮 9 的初读数 d_1,每当圆环中心数出 $N=100$ 个"亮斑"(或"暗斑")时读出 d_i,连续测量 9 次,共记下 10 个 d_i 值.

3. 注意事项

迈克尔逊干涉仪是精密光学仪器,应严加爱护.

(1) 其光学元件表面不能任意擦揩,更不得用手抚摸或靠近说话、吹气.

(2) 读数系统丝杆精度很高,调节时,应动作轻缓,不得鲁莽.

(3) 动镜 M_2 的读数准线,不可超出机身侧面的毫米刻度尺的范围,以免损坏丝杆.

【数据记录与处理】

(1) 列表记录 d_i,用逐差法处理,计算 Δd.

(2) 按公式 $\lambda=\dfrac{2\Delta d}{N}$ 计算 λ.

(3) He-Ne 激光波长的公认值 $\lambda_0=6.328\times10^{-4}$ mm,将测量值与公认值比较,计算相对误差.

自 学 提 纲

1. 玻璃板 G_1 叫作________,其作用是________________;玻璃板 G_2 叫作________,其作用是______________.
2. 两块平面反射镜 M_1 和 M_2 严格垂直时,入射光在观察屏上将形成________状的干涉条纹. 当 M_2 与 M_1' 间距增大时,干涉条纹的变化是________;间距减小时,干涉条纹的变化是________.
3. 转动粗调手轮前,紧固螺丝应______________;转动微调鼓轮前,紧固螺丝应____________.
4. 粗动手轮转一圈,M_2 在导轨上移动________mm;微调鼓轮转一圈,M_2 在导轨上移动________mm.
5. M_1 与 M_2 的距离是 d,虚光源 S_1' 与 S_2 的间距为何是 $2d$?
6. 试用公式 $2d\cos\theta_k=k\lambda$ 说明 d 的变化与干涉条纹的变化关系.
7. 如果 G_1 分离的两束光强度并不相等,而是一束比另一束强,对最后的干涉图样有什么影响?

第4章

医用拓展实验

4.1 人造骨杨氏模量的测量

杨氏模量是描述固体材料抗形变能力的物理量，是科研、生产中选择合适材料的重要依据.杨氏模量的测量方法有多种，如拉伸法、弯曲法、振动法等，还出现了利用光纤位移传感器、莫尔条纹、电涡流传感器等实验技术和方法.人造骨是骨科常用的生物材料，了解人造骨的杨氏模量，对骨科手术效果的评价有一定的帮助.本实验用弯曲法测量人造骨的杨氏模量.

【实验目的】

(1) 掌握弯曲法测量人造骨杨氏模量的基本原理和方法.

(2) 学会根据不同测量对象选择不同的长度测量工具.

(3) 熟悉游标卡尺、千分尺、读数显微镜的使用方法.

(4) 学会误差分析、数据处理和测量结果的规范表达.

【实验原理】

用弯曲法测人造骨杨氏模量，人造骨样品为矩形长条状，用作横梁，如图4-1-1(a)所示.人造骨厚度为 a，宽度为 b，将其放在一对相距为 l 的平行刀口上，横梁中点处挂上质量为 m 的砝码后，横梁中点将产生向下的位移量 ΔZ.

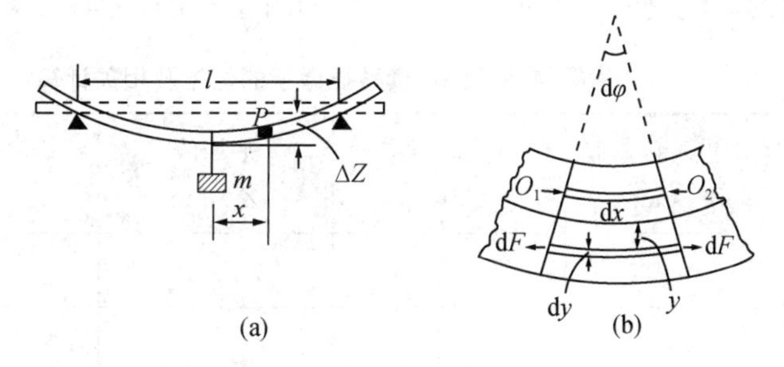

图4-1-1 弯曲法原理示意图

选取与横梁中点相距为 x 的一段微小横梁 P 进行分析，该微小横梁纵断面如图4-1-1(b)所示，相距为 $\mathrm{d}x$ 的 O_1，O_2 两点处的横断面在挂砝码前互相平行，挂砝码后弯曲成一小角度 $\mathrm{d}\varphi$.显然，横梁弯曲后，其下半部呈拉伸状态，上半部呈压缩状态，而中间有一薄层虽然弯曲但长度不变，称为中间层.

与中间层相距为 y、厚为 $\mathrm{d}y$、形变前长为 $\mathrm{d}x$ 的一段，弯曲后伸长了 $y\mathrm{d}\varphi$，它受到的拉力为 $\mathrm{d}F$.在这里，应力为 $\mathrm{d}F/\mathrm{d}S$，$\mathrm{d}S$ 是形变层的横截面积，即 $\mathrm{d}S=b\mathrm{d}y$；应变为 $y\mathrm{d}\varphi/\mathrm{d}x$.根据胡克定律，弹性体在一定的形变范围内，应力与应变成正比，比例系数就是杨氏模量 Y，因此有

$$\frac{\mathrm{d}F}{\mathrm{d}S}=Y\frac{y\mathrm{d}\varphi}{\mathrm{d}x}.$$

可以证明,杨氏模量与横梁中心的位移量之间有如下关系

$$Y=\frac{mgl^3}{4a^3b\Delta Z}. \tag{4-1-1}$$

式中,g 为重力加速度. 若测出人造骨的厚度 a、宽度 b、两刀口间距 l 及横梁中心的位移量 ΔZ,则可算出横梁的杨氏模量,这种方法也称梁弯曲法.

金属及合金的杨氏模量较高,如不锈钢为 200 GPa,钛合金为 110 GPa. 而骨骼组织的杨氏模量只有 10～30 GPa,因而不能与金属材料相匹配. 松质骨的杨氏模量在 3.2～7.8 GPa,皮质骨的杨氏模量在 17～20 GPa. 聚醚醚酮(PEEK)是一种全芳香半结晶性高聚物,具有多种优良的综合性能：对氧高度稳定,具有坚韧、高强度、高刚性和耐蠕变的特点,有突出的抗疲劳性和生物相容性. 纯 PEEK 的杨氏模量为 3.86 GPa 左右,经碳纤维增强可至 21.1 GPa 左右,与骨组织十分接近.

【实验器材】

杨氏模量实验仪、人造骨样品、游标卡尺、千分尺、卷尺等.

【实验内容与步骤】

(1) 用水准器观察和调节杨氏模量测量仪平台,使之达到水平状态.

(2) 人造骨样品套上砝码托盘,并搭在支架两刀口上.

(3) 调节读数显微镜,看清分划板水平线、竖直标尺刻度线和人造骨样品基准线.

(4) 旋动显微镜微分筒,使分划板水平线与基准线重合,从显微镜中读出初始位置.

(5) 逐个增加砝码(每个砝码质量为 10 g),重复上面第 4 个步骤,记下相应位置的读数;依次加上 5 个砝码后,再逐个将砝码取下,同样记下相应位置的读数. 这样做的目的是减少测量误差.

(6) 用螺旋测微计和游标卡尺分别测量人造骨样品的厚度 a 和宽度 b,各测 5 次;用卷尺测量人造骨有效长度 l,即测量两支架刀口之间的距离.

【数据记录与处理】

(1) 测量增减砝码后读数显微镜的数据,填入表 4-1-1 中,并用逐差法计算横梁中点位移量.

表 4-1-1　横梁增减砝码后读数显微镜的数据及相关计算

序号 i	挂砝码质量 m/g	增重时读数 Z'/mm	减重时读数 Z''/mm	平均值 Z/ mm	每增加 30 g 时读数差值 $\Delta Z=\mid Z_{i+3}-Z_i\mid$/mm
1	0				
2	10				
3	20				
4	30				平均值$\overline{\Delta Z}$=__________ 不确定度 $u_A(\Delta z)$=__________ $u_B(\Delta z)$=__________ $u(\Delta z)$=__________
5	40				
6	50				

(2) 测量人造骨样品的厚度,共测 5 次(表 4-1-2).

量具：螺旋测微计,$\Delta_{仪}=0.004$ mm.

表 4-1-2　人造骨样品的厚度及相关计算

厚度 a/mm						平均值 $\bar{a}$=
不确定度 $u(a)$/mm	$u_A(a)$=________，$u_B(a)$=________，$u(a)$=________					

(3) 测量人造骨样品的宽度，共测 5 次(表 4-1-3).

量具：游标卡尺，$\Delta_{仪}=0.02$ mm.

表 4-1-3　人造骨样品的宽度及相关计算

宽度 b/mm						平均值 $\bar{b}$=
不确定度 $u(b)$/mm	$u_A(b)$=________，$u_B(b)$=________，$u(b)$=________					

(4) 测量人造骨样品的有效长度，测 1 次.

量具：钢尺，$\Delta_{仪}=1$ mm.

人造骨样品的有效长度 l=________，不确定度 $u(l)=\frac{\Delta_{仪}}{\sqrt{3}}$=________.

(5) 计算人造骨的杨氏模量 Y.

(6) 用间接测量的不确定度传递公式，计算人造骨杨氏模量的不确定度 $u(Y)$.

(7) 写出人造骨杨氏模量的测量结果表达式.

$$Y=Y\pm u(Y)=\_\_\_\_\_\_\_\_\ (P\approx 68.3\%).$$

自学提纲

1. 材料杨氏模量的测量方法有哪些？
2. 弯曲法测量人造骨杨氏模量的计算式中，各符号分别代表什么含义？
3. 弯曲法测量杨氏模量时，主要测量误差有哪些？如何减少这些误差？
4. 测量人造骨样品的厚度、宽度和有效长度时，分别选用哪个测量仪器？为什么？
5. 如何正确使用螺旋测微计和游标卡尺？
6. 本实验中，如何计算人造骨杨氏模量的不确定度？
7. 如何正确表达测量结果？

4.2　液体黏度的测定

各种液体都有不同程度的黏性，当液体流动时，平行于流动方向的各层液体速度都不相同，即存在着相对滑动，于是在各层之间就有摩擦力产生，这一摩擦力称为黏滞力. 液体的黏滞程度用黏度来表征，它取决于液体的性质，并与温度有关，随温度的升高而减小.

液体黏度的测量有非常重要的意义. 例如，石油在封闭管道中长距离输送时，其输运特性与黏滞性密切相关，因而在设计管道前，必须测量被输石油的黏度；人体血液黏度指标是诊断心血管疾病的重要依据，血液黏度的增大会使流入人体器官和组织的血流量减少，血液流速减缓，使人体处于供血和供氧不足的状态，严重影响健康.

液体黏度有多种测量方法，有毛细管法、圆筒旋转法和落球法等，本实验用落球法测量液体的黏度，并得出黏度与温度之间的大致关系.

【实验目的】

(1) 观察小球在黏性液体中运动的情况.

（2）掌握用落球法测量液体黏度的方法.

（3）了解温度变化对液体黏度的影响.

【实验原理】

落球法也称斯托克斯法.当质量为m、半径为r、密度为ρ的金属小球在黏性液体(密度为ρ_0)中下落时,小球受到三个竖直方向的力:小球的重力mg、小球的浮力$\rho_0 gV$(V是小球体积)和黏滞阻力F(其方向与小球运动方向相反).若液体无限深广,在小球下落速度v较小情况下,有

$$F=6\pi\eta rv. \tag{4-2-1}$$

上式称为斯托克斯公式,式中η称为液体的黏度,其单位是Pa·s.

小球开始下落时,由于v尚小,因此F也不大.但随着v的增大,F也逐渐增大.最后,三个力达到平衡,即$mg=\rho_0 gV+6\pi\eta rv$.于是小球匀速下降,此时的速度称为收尾速度,由上式可得

$$\eta=\frac{(m-V\rho_0)g}{6\pi rv}.$$

实际测量的是小球的直径d,有$r=\frac{d}{2}$,$m=\frac{\pi}{6}d^3\rho$,若L为小球匀速下落的路程,t为小球下落L所用的时间,有$v=\frac{L}{t}$,代入上式得

$$\eta=\frac{(\rho-\rho_0)gd^2t}{18L}. \tag{4-2-2}$$

实验时,待测液体必须盛于容器中,如图4-2-1所示,不能满足"无限深广"的条件,要考虑到容器壁对小球运动的影响,所以斯托克斯公式需要通过实验进行修正.设圆柱形容器内径为D,液柱高为H,对式(4-2-2)修正后得到

$$\eta=\frac{(\rho-\rho_0)gd^2t}{18L\left(1+K\frac{d}{D}\right)\left(1+K_1\frac{d}{H}\right)}. \tag{4-2-3}$$

式中,$K=2.4$,$K_1=1.65$,为修正因子.又d远小于H,故式(4-2-3)可近似为

$$\eta=\frac{(\rho-\rho_0)gd^2t}{18L\left(1+K\frac{d}{D}\right)}. \tag{4-2-4}$$

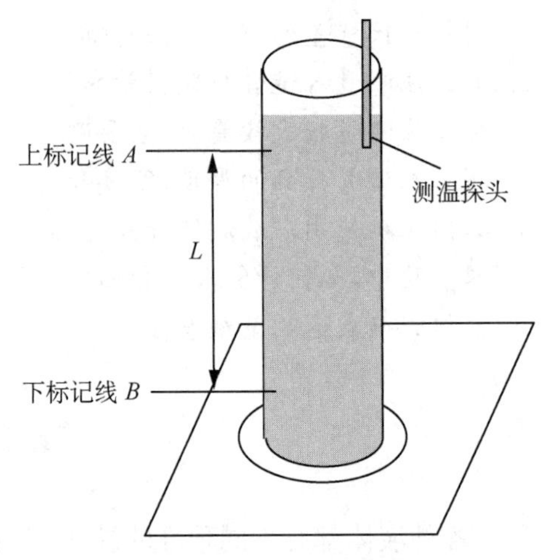

图4-2-1 液体黏度测量的示意图

本实验根据式(4-2-4)测量液体黏度.实验过程中要特别注意,如果液体温度过高,则黏度减小,小球下落速度较大,则小球下落过程中可能会出现湍流,斯托克斯公式还需作进一步修正.

【实验器材】

落球法液体黏度测定仪、秒表、小钢球、被测液体(例如蓖麻油)、千分尺、钢直尺等.

【实验内容与步骤】

1. 实验准备

仔细阅读液体黏度测定仪的使用说明书,调整好仪器,做好实验准备,包括正确接线,了解如何加热

液体，如何设置并调节液体温度，如何调节容器铅直等.

2. 测量

（1）用千分尺测量小钢球直径 d，为了减少误差，需测 5 个小钢球的直径，求平均值.

（2）记录小钢球密度 ρ、待测液体密度 ρ_0、圆柱容器内径 D、圆柱容器上标记线 A 与下标记线 B 之间的距离 L.

（3）小钢球沿圆柱容器中轴线下落，记录从上标记线 A 落到下标记线 B 所需时间 t，从室温开始测量，每隔一定温度测一次，共测 10 次. 注意液体温度不宜过高，避免小球下落速度太快而形成湍流.

【数据记录与处理】

（1）小钢球直径测量（表 4-2-1）.

表 4-2-1　小钢球直径测量数据记录表

实验次数	1	2	3	4	5	平均值 $\overline{d}$/mm
直径 d/mm						

（2）记录相关数据.

被测液体的名称：＿＿＿＿＿＿＿＿；　被测液体密度 ρ_0＝＿＿＿＿＿＿＿＿；

圆柱容器内径 D＝＿＿＿＿＿＿＿＿；　A 到 B 的距离 L＝＿＿＿＿＿＿＿＿；

小钢球密度 ρ＝＿＿＿＿＿＿＿＿；　重力加速度 g＝＿＿＿＿＿＿＿＿.

（3）测量不同温度下小钢球下落时间、收尾速度及黏度（表 4-2-2）.

表 4-2-2　不同温度下，小钢球从 A 到 B 的下落时间、收尾速度及黏度

液体温度 T/℃										
下落时间 t/s										
收尾速度 v/(mm・s^{-1})										
黏度 η/(Pa・s)										

（4）以液体温度为横轴、液体黏度为纵轴，作 η-T 图，分析液体黏度随温度的变化规律.

自 学 提 纲

1. 什么是液体的黏度？如何测量？
2. 本实验测量液体的黏度时，用哪个式子进行计算？该式中各符号分别代表什么？如何测量？
3. 什么是小球的收尾速度？如何测量？
4. 若小钢球表面粗糙，或有油脂、尘埃，则黏度测量值有何影响？
5. 如果投入的小钢球偏离圆柱容器中心轴线，则对黏度测量值有何影响？
6. 本实验的误差来自那些方面？如何减少误差？

4.3　人体阻抗的测量

生物电现象是一切生物机体普遍存在的现象. 人体的每一活动，如神经传导、肌肉兴奋、心脏跳动、大脑活动及腺体分泌等，都伴随着电现象. 人体生理机能发生改变时，就会发生相应的电变化，如病理心电图和正常心电图就不一样. 现代医学上已广泛利用心电图、脑电图、肌电图及皮肤电图等记录有关生物电变化的信息,作为判断各组织活动的生理和病理状态的重要指标.

生物电现象是生命活动的重要过程之一,该过程中必然涉及阻抗.了解和测量人体阻抗及阻抗频率特性有利于了解人体生理过程及疾病诊断.本实验主要介绍人体阻抗及阻抗频率特性的测量.

【实验目的】

(1) 了解人体阻抗的概念及阻抗的等效电路.

(2) 熟悉人体阻抗的测量方法.

(3) 了解不同情绪下人体阻抗的变化.

(4) 熟悉人体阻抗频率特性的测量.

【实验原理】

人体是由各种组织构成的非常复杂的导体,人体阻抗是皮肤阻抗和其他组织阻抗之和,皮肤阻抗远大于其他组织的阻抗.

1. 阻抗

在直流电路中,物体对电流的阻碍作用叫作电阻,但是在交流电路中除了电阻会阻碍电流以外,电容及电感也会阻碍电流的流动,这种作用就称为电抗,电容及电感的电抗分别称作电容抗及电感抗,简称容抗及感抗.它们的计量单位与电阻一样是欧姆,而大小则和交流电的频率有关.在具体电路中,阻抗由电阻、容抗和感抗三者组成,由于容抗和感抗还有相位角度的问题,因此三者不是简单相加.实验证明,人体阻抗具有容性阻抗的特点,可以用模拟方法进行解释.

2. 皮肤阻抗

皮肤的最外层是表皮,包括角质层,其中有汗腺孔,下面是真皮和皮下组织,其中有大量血管.真皮和皮下组织的导电性较好,可模拟为纯电阻 R'.皮肤的阻抗大小主要取决于角质层,角质层相当于一层很薄的绝缘膜,类似于电容器的绝缘介质,真皮和电极片类似于电容器的两极板,如图 4-3-1 所示.

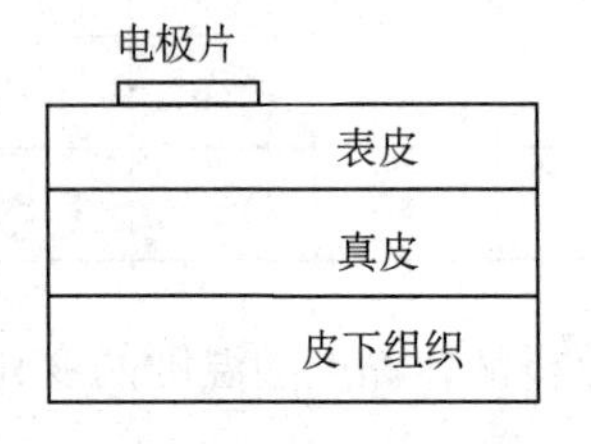

图 4-3-1 皮肤的结构

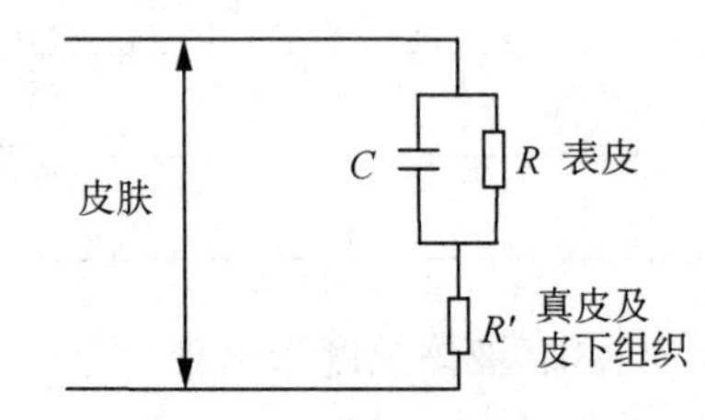

图 4-3-2 皮肤阻抗的模拟电路

由于汗腺孔有少量的离子通过,因此可把表皮模拟为漏了电的电容器,看成纯电容 C 和纯电阻 R 的并联.表皮阻抗为

$$Z=\frac{R}{\sqrt{1+(\omega RC)^2}}=\frac{1}{\sqrt{1/R^2+(2\pi fC)^2}}. \tag{4-3-1}$$

式中,ω,f 分别为交流电的角频率和频率.

因此,可以把皮肤阻抗模拟为电阻与电容的组合,如图 4-3-2 所示.

由以上分析可知,影响皮肤阻抗的主要因素有:

(1) 皮肤的干湿度对皮肤阻抗的影响.当皮肤潮湿时,汗腺孔里水分很多,R 减小,皮肤阻抗减小;反之,当皮肤干燥时,汗腺孔里水分很少,R 增大,皮肤阻抗增大.

(2) 交流电的频率对皮肤阻抗的影响.交流电的频率 f 越小,皮肤阻抗越大;反之,f 越大,皮肤阻抗越小.所以,皮肤阻抗是随交流电频率的增大而减小的,具有容性阻抗的特点.

皮肤阻抗变化还受到交感神经调节.在情绪紧张或激动时,交感神经活动度发生变化,人体皮肤汗腺孔水分增多，皮肤阻抗发生变化. 因此，皮肤阻抗的测定是反映人体心理的放松和紧张程度、情绪波动、性格特征的重要依据. 人类手掌被认为是"精神性出汗区"，其汗腺功能与身体其他部位的体温调节出汗不同，主要对精神性活动或感觉刺激反应敏感.

3. 其他组织阻抗

电流通过皮肤后，就进入组织，组织的阻抗远远小于皮肤阻抗，其导电性取决于含水量和相对密度. 体内有各种生物膜(如细胞膜)，把两种导电性很好的溶液分开，膜对离子有选择渗透性，可把生物膜看成漏电电容器，是膜电容 C 和膜电阻 R 的并联，膜阻抗也可由式(4-3-1)进行分析. 细胞间质导电性强，可模拟为电阻 R'，因此可把其他组织看成电阻和电容的组合，如图 4-3-3 所示.

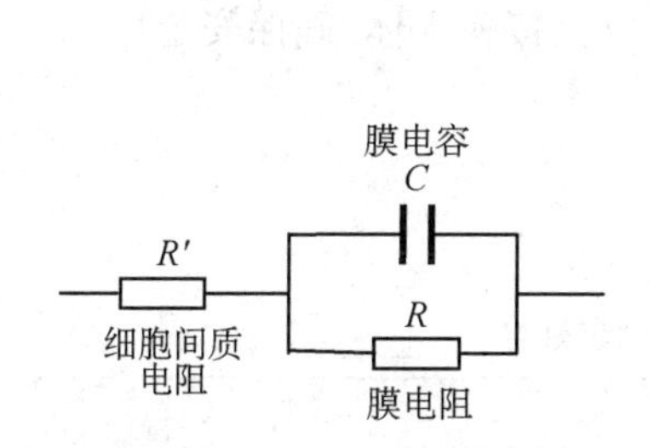

图 4-3-3　生物膜的模拟电路

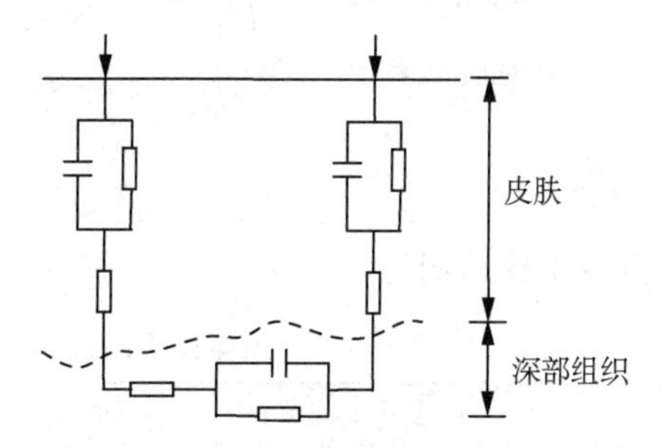

图 4-3-4　机体的模拟电路

4. 人体阻抗

由上述分析可知，人体阻抗是皮肤阻抗和其他组织阻抗之和，是大小不同的电阻和电容的复杂组合，机体等效电路如图 4-3-4 所示. 影响人体阻抗的主要因素是皮肤的干湿度、人体组织特性和交流电的频率. 人体阻抗还包括接触电阻，即电极与皮肤接触的松紧、接触面积的大小、接触面的清洁程度、电极与皮肤之间有无导电膏等因素会影响人体阻抗. 此外，性别、年龄、皮肤的血液循环状态、病理过程、神经系统的活动等也对人体阻抗产生影响.

【实验器材】

直流稳压电源、信号发生器、万用电表、电阻器、电极、导线、NaCl 溶液、棉球、医用消毒酒精、医用橡胶手套等.

【实验内容与步骤】

1. 人体直流阻抗的测量

图 4-3-5 是实验装置示意图，电源用直流稳压电源. 实验中，电源输出电压为 5.0 V，电阻 $R_1=1.0\times10^4\ \Omega$. 由欧姆定律可知 $\dfrac{U_1}{R_1}=\dfrac{U}{Z}$，即人体直流阻抗为 $Z=\dfrac{U}{U_1}R_1$.

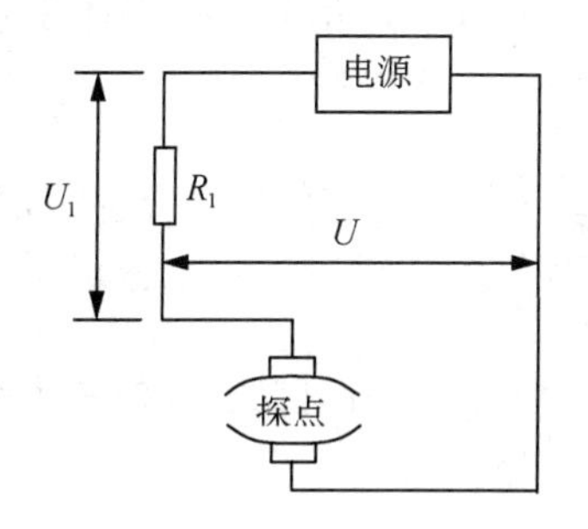

图 4-3-5　人体阻抗测量的实验装置示意图

按图 4-3-5 连接电路，2 人一组，分别测量对方直流阻抗. 先用 75% 医用消毒酒精清洗左手拇指掌面中部(探点 1)与左手小指掌面中部(探点 2)的皮肤表面，待酒精蒸发后，再涂一层导电液(NaCl 溶液)，用医用橡胶手套将两电极分别与上述两探点位置紧密接触且固定.

被测者坐好平静休息，情绪放松，左手掌张开，手指伸直，左前臂平放于实验台上，姿势以被测者自我感觉舒适为宜. 待电路稳定 3 分钟后，用万用电表分别测量 U 和 U_1，测量 3 次，将数据记录在表 4-3-1 中.

被测者快速阅读 2 分钟后，用万用电表分别测量 U 和 U_1，测量 3 次；被测者快速握紧、放松右手拳头2分钟后，用万用电表分别测量U和U_1，测量3次；被测者大幅度活动右臂2分钟后，用万用电表分别测量U和U_1，测量3次. 分别将数据记录在表4-3-1中.

注意：要按操作规程做，不要随意改变电源输出电压，更不能把市电直接接入人体，确保安全！

2. 人体交流阻抗的测量

实验装置同样如图4-3-5所示，把直流电源换成信号发生器. 电阻$R_1=5.1\times10^3\ \Omega$. 先把信号发生器输出细调逆时针调到底，使电压输出最小，然后打开电源开关，接通电路，逐渐增大输出使之为某一较小值(小于5 V)，改变信号频率，并保持输出电压不变，分别测量U和U_1，测量8次，将数据记录在表4-3-2中. 同样，交流阻抗为$Z=\frac{U}{U_1}R_1$.

同样应注意，不要随意改变电源输出电压，更不能把市电直接接入人体，确保安全！

【数据记录与处理】

1. 人体直流阻抗的测量

表4-3-1 人体直流阻抗的测量数据(被测者姓名：______)

项目		次数			平均值
		1	2	3	
情绪放松时	U/V				
	U_1/V				
快速阅读2分钟后	U/V				
	U_1/V				
快速握紧、放松右手拳头2分钟后	U/V				
	U_1/V				
大幅度活动右臂2分钟后	U/V				
	U_1/V				

(1) 情绪放松时，左手掌直流阻抗为$Z=\frac{\bar{U}}{\bar{U}_1}R_1=$________；

(2) 快速阅读2分钟后，左手掌直流阻抗为$Z=\frac{\bar{U}}{\bar{U}_1}R_1=$________；

(3) 快速握紧、放松右手拳头2分钟后，左手掌直流阻抗为$Z=\frac{\bar{U}}{\bar{U}_1}R_1=$________；

(4) 大幅度活动右臂2分钟后，左手掌直流阻抗为$Z=\frac{\bar{U}}{\bar{U}_1}R_1=$________；

(5) 回答问题：上述不同情况下，人体阻抗有何变化？为什么？

2. 人体交流阻抗的测量

根据表4-3-2，作Z-f曲线. 作图时，请参照1.5节中的知识，将各点连成光滑曲线，不要连成折线. 根据Z-f曲线特点，说明Z随f的变化规律.

表 4-3-2　人体交流阻抗的测量数据(被测者姓名：__________)

序号	1	2	3	4	5	6	7	8
频率 f/Hz								
U/V								
U_1/V								
Z/Ω								

自学提纲

1. 一般电路中，阻抗由哪三部分组成？
2. 皮肤阻抗是如何构成的？画出其模拟电路.
3. 影响皮肤阻抗的主要因素有哪些？
4. 分析其他组织阻抗的构成，并画出其模拟电路.
5. 情绪波动时，人体直流阻抗为什么会发生变化？

4.4　生物膜电位的测量

生物膜对电解质离子具有选择透过性，海水淡化技术中应用了生物膜的选择透过功能. 人工膜可以模拟生物膜，实现离子交换，医用透析袋就是一种人工生物膜. 当膜两侧的离子浓度不同时，膜两侧形成膜电位. 测量膜电位具有重要意义，因为膜电位与膜两侧的溶液浓度存在相关性，通过膜电位的测量，可以分析生物膜的特性. 本实验用电位差计测量生物膜电位.

【实验目的】

(1) 了解生物膜电位的概念和产生机制.

(2) 通过实验了解生物膜电位与溶液离子浓度的关系.

(3) 熟悉电位差计的工作原理和使用方法.

【实验原理】

生物电现象的主要特征之一是不同生物组织器官各具特色的电偶层电势分布，这是细胞水平的分布. 比如心肌细胞膜、神经细胞膜等，其内外离子的非平衡态(内外电荷分布不均衡)构成各种复杂的电系统.

人体内的细胞处于含有大量 NaCl 和 KCl 等电解质的溶液中，由于细胞膜内外各种离子浓度不同，并且细胞膜对离子具有选择通透性，因此随着离子的扩散，细胞膜两侧形成电荷的积累，于是产生一个电位差(电势差).

如图 4-4-1 所示，两种不同浓度(摩尔浓度，即量浓度)的 KCl 溶液被一生物膜隔开，用 C_1 和 C_2 表示膜左侧和右侧溶液的浓度 ($C_1 > C_2$). 离子未迁移时，每侧正负离子的数目相等，溶液不带电. 如果生物膜只让 K^+ 通过，而不让 Cl^- 通过，K^+ 从浓度大的膜左侧向浓度小的膜右侧扩散，结果使右侧正电荷逐渐增多，左侧负电荷过剩，产生阻碍离子扩散的电场，当浓度差产生的扩散力与电场力达到平衡时，K^+ 的净扩散终止，膜两侧形成一定的电势差 U，这个电势差称为跨膜电势差，简称膜电位，也称能斯特电位.

膜电位的大小可用玻尔兹曼能量分布律来推算. 当膜两侧为较低浓度的电解质溶液时，K^+ 数密度与相应的电势能遵从玻尔兹曼能量分布律. 假设达到热平衡状态时，膜两侧的 K^+ 数密度分别为 n_1 和 n_2，电势分别为 V_1 和 V_2，离子价数为 Z，电子电量的绝对值为 e，则膜两侧 K^+ 的电势能分别为 $E_{p1} =$

ZeV_1 和 $E_{p2}=ZeV_2$，根据玻尔兹曼能量分布律，有

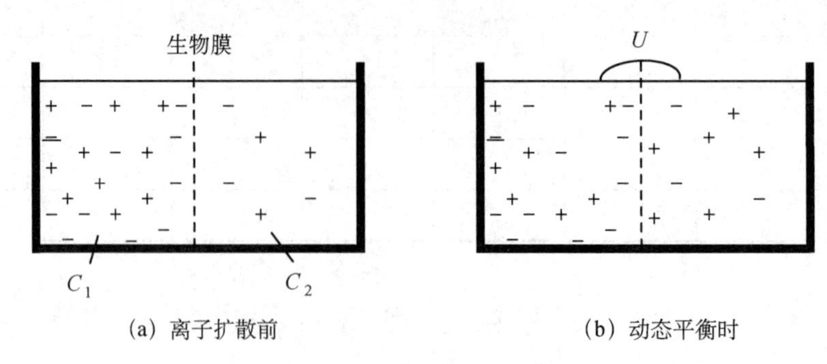

(a) 离子扩散前　　(b) 动态平衡时

图 4-4-1　能斯特电位的形成

$$n_1=n_0\mathrm{e}^{-\frac{E_{p1}}{kT}}=n_0\mathrm{e}^{-\frac{ZeV_1}{kT}},$$
$$n_2=n_0\mathrm{e}^{-\frac{E_{p2}}{kT}}=n_0\mathrm{e}^{-\frac{ZeV_2}{kT}}.$$

式中，n_0 为势能为零的离子数密度，两式相除得

$$\frac{n_1}{n_2}=\mathrm{e}^{\frac{Ze(V_2-V_1)}{kT}}=\mathrm{e}^{\frac{ZeU}{kT}}.$$

研究表明，在从离子扩散到动态平衡的过程中，实际上只有为数极少的离子穿过生物膜，即离子的扩散不会改变膜两侧溶液的浓度，因此有

$$\frac{n_1}{n_2}=\frac{C_1}{C_2}=\mathrm{e}^{\frac{Ze(V_2-V_1)}{kT}}=\mathrm{e}^{\frac{ZeU}{kT}}.$$

两边取对数，得到膜电位

$$U=V_2-V_1=\frac{kT}{Ze}\ln\frac{C_1}{C_2}. \tag{4-4-1}$$

式(4-4-1)称为能斯特方程. 式中，k 是玻尔兹曼常数；T 是溶液的温度；Z 是离子价数；e 是电子电量. 由式(4-4-1)可知，膜电位与溶液浓度比的对数成线性关系.

根据以上分析，可以设计出实验，了解生物膜电位与溶液离子浓度的定量关系. 本实验用电位差计测量膜电位，图 4-4-2 是实验装置示意图.

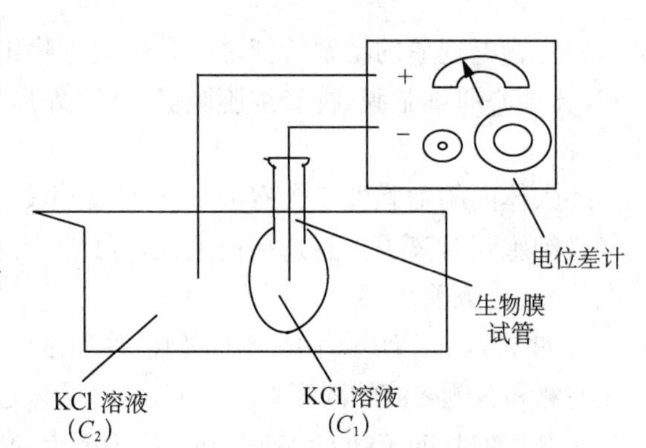

图 4-4-2　生物膜电位测量的实验装置示意图

【实验器材】

电位差计、生物膜、水槽、KCl 试剂、电极、温度计、量筒、蒸馏水、烧杯、天平等.

【实验内容与步骤】

(1) 在无底试管的一端包上生物膜，制成一个生物膜试管.

(2) 用蒸馏水配置 KCl 溶液，测量溶液的温度.

(3) 将浓度为 C_1 和 C_2($C_1>C_2$) 的 KCl 溶液分别装入生物膜试管和水槽内，分别插入电极，并分别接至电位差计的负、正接线柱，不可接反，见图 4-4-2.

(4) 按照电位差计的补偿法原理正确使用电位差计(附录C),测量生物膜电位.

(5) 更换试管内的溶液,改用不同浓度比的溶液测量膜电位. 注意必须用待更换的溶液清洗试管3次以上. 把数据记录在表4-4-1中.

【数据记录与处理】

(1) 将不同浓度比的生物膜电位 U 的测量数据填入表4-4-1中.

表4-4-1　KCl溶液不同浓度比的膜电位(溶液的温度:________)

序号	C_1/C_2	U/mV	$\ln(C_1/C_2)$
1			
2			
3			
4			
5			
6			
7			
8			
9			
10			

(2) 根据表4-4-1数据,作出 $U\text{-}\ln\dfrac{C_1}{C_2}$ 曲线.

(3) 与用能斯特方程计算出的理论值进行比较,得出实验结论,并进行误差分析.

自学提纲

1. 什么是膜电位? 膜电位是如何形成的?
2. 什么是能斯特方程? 该方程式中,各符号的含义是什么?
3. 简述电位差计补偿法原理,并说明如何正确使用电位差计.
4. 在本实验中,如何正确连接电位差计的正、负接线柱?
5. 本实验中,若测量结果与理论值相差较大,其主要原因有哪些?

第5章

显微镜专门实验

5.1 生物显微镜的使用及显微绘图

生物显微镜是用来观察和研究生物切片、生物细胞、细菌以及活体组织培养、流质沉淀等的一种仪器，同时也可以用来观察其他透明或者半透明物体以及粉末、细小颗粒等物体.

【实验目的】

(1) 了解显微镜的结构和各部件性能.

(2) 熟悉低倍镜、高倍镜的正确使用方法.

(3) 熟悉生物显微绘图的基本方法.

(4) 仔细阅读显微镜使用说明书并掌握正确的操作方法.

【实验原理】

生物显微镜的光学成像系统由两部分组成，靠近物体部分的透镜称为物镜，靠近眼睛的透镜称为目镜.

物镜使物体在目镜的前焦面内形成一个放大而倒立的实像(也称中间像)，经目镜再成像在明视距离 250 mm 处，供眼睛观察.因此，显微镜是一个二次成像系统，其成像光路如图 5-1-1 所示.

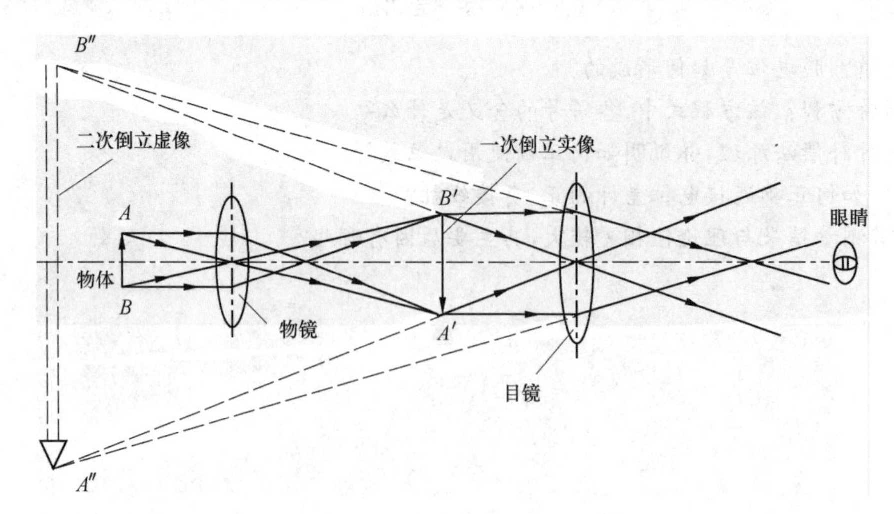

图 5-1-1 生物显微镜的光路图

【实验器材】

FM-179B 型生物显微镜、生物切片(人体、动物、植物组织切片)、电子目镜.

FM-179B 型生物显微镜的外形结构如图 5-1-2 所示.

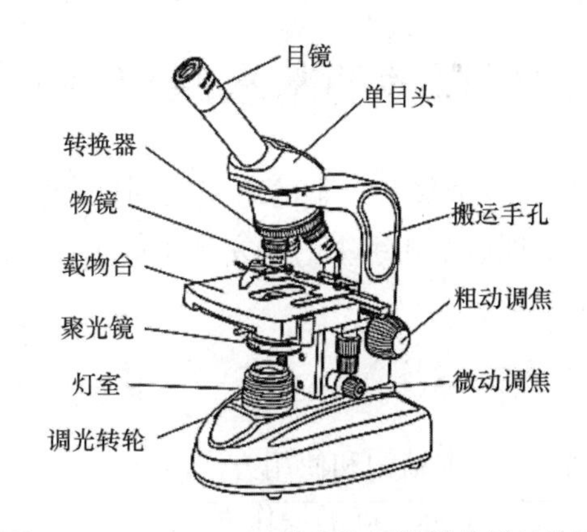

图 5-1-2　FM-179B 型生物显微镜外形结构图

【实验内容与步骤】

实验室提供 FM-179B 型生物显微镜的使用说明书，仔细阅读说明书，并对照显微镜实物，学习如何使用显微镜.

1. 物镜的使用

(1) 打开显微镜电源开关，调节调光转轮，光线应逐步增强. 转动粗动调焦手轮，将载物台下降，使物镜与载物台距离略拉开. 再旋转物镜转换器，将低倍镜 4× 对准载物台中央的通光孔.

(2) 放标本切片. 标本切片标签面向上，用标本夹夹好，把要观察的部分移到通光孔的正中央.

(3) 调节焦距. 调节粗动调焦手轮，使载物台缓慢上升，直至视野中出现物像为止. 如物像不太清晰，可转动微动调焦手轮，使物像更加清晰.

(4) 换 10×，40× 物镜观察. 此时，只须稍稍调节微动调焦手轮即可，适当调大光源强度和孔径光阑.

2. 生物显微绘图——通过绘图来表示在显微镜下观察到的生物切片形态

生物显微绘图不同于一般的美术绘图，要求将所观察切片的外形和内部结构准确地描绘，然后对各部分分别加注说明. 生物显微绘图应注意科学性和准确性；点、线要清晰流畅，线条要一笔画出，粗细均匀，光滑清晰，接头处无分叉和重线条痕迹，切忌重复描绘；一般用圆点衬阴，表示明暗和颜色的深浅，给予立体感；点要圆而整齐，大小均匀，根据需要灵活掌握疏密变化，不能用涂抹阴影的方法代替圆点；比例要正确；写明图题.

本实验配有电子目镜. 换上电子目镜，连接电脑，调节微动调焦手轮，在电脑上就可以得到清晰的显微图像.

【数据记录与处理】

生物切片进行镜检后，观察结果，并进行绘图记录.

自 学 提 纲

1. 实验室提供显微镜使用说明书，仔细阅读说明书，简述使用显微镜的注意事项.
2. 如何判断视野中所见到的污点来源？显微镜下看到的物像是正像还是反像？物像与载玻片的移动方向是否一致？
3. 什么是生物显微绘图？绘图时需要注意什么？

5.2 金相显微镜的基本原理、构造及使用

金相显微镜可用来鉴别和分析各种金属和合金的组织结构，广泛应用在工厂或实验室进行铸件质量的鉴定、原材料的检验或对材料处理后金相组织的研究分析等工作. 还可用于半导体检测、电路封装、精密模具、生物材料等检验与测量.

【实验目的】

（1）了解金相显微镜的基本原理、基本结构和使用方法.

（2）仔细阅读显微镜使用说明书并掌握正确的操作方法.

【实验原理】

显微镜的基本放大作用由焦距很短的物镜和焦距较大的目镜来完成，物体位于物镜的前焦点外但很靠近焦点位置，物体经过物镜形成倒立放大的实像，这个像位于目镜的物方焦距内但很靠近焦点位置，作为目镜的物体，目镜将物镜放大的实像再放大成虚像，位于观察者的明视距离（距人眼 250 mm）处，供眼睛观察. 光路图见 2.4 节中的图 2-4-2.

为了减少球面像差、色像差和像域弯曲等像差，金相显微镜的物镜和目镜都是由透镜组构成的复杂光学系统. 显微镜的成像质量在很大程度上取决于物镜的质量，因此物镜的构造尤为复杂，根据对各种像差的校正程度不同，物镜可分为消色差物镜、复消色差物镜和平视场物镜等三大类. 近年来，由于采用计算机技术，物镜的设计和制造都有了很大改进.

实际上，一方面，金相显微镜所观察的显微组织，往往几何尺寸很小，小至可与光波波长相比较，此时不能再近似地把光线看成直线传播，而要考虑衍射的影响；另一方面，显微镜中的光线总是部分相干的，因此显微镜的成像过程是个比较复杂的衍射相干过程. 此外，由于衍射相干等因素的影响，显微镜的分辨能力和放大能力都受到一定限制，目前金相显微镜可观察的最小尺寸一般是 0.2 μm 左右，有效放大倍数为 1 500～1 600 倍.

金相显微镜总的放大倍数为物镜与目镜放大倍数的乘积. 放大倍数用符号“×”表示，例如物镜放大倍数为 20×，目镜放大倍数为 10×，则显微镜的放大倍数为 200×. 通常物镜、目镜的放大倍数都刻在镜体上，在使用显微镜观察试样时，应根据其组织的粗细情况，选择适当的放大倍数，以细节部分能观察得清晰为准.

金相显微镜最常见的有正置、倒置和卧式三大类. 本实验使用的以正置金相显微镜为例，光学系统结构如图 5-2-1 所示.

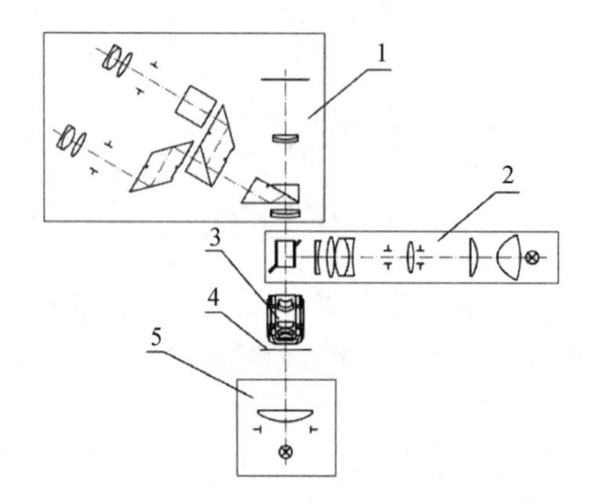

1—三目观察系统；2—落射照明系统；3—物镜；4—标本；5—下照明

图 5-2-1 正置金相显微镜光学系统结构图

【实验器材】

FM-JX 200 型透反射高清金相显微镜、样品标本.

FM-JX 200 型透反射高清金相显微镜的外形结构如图 5-2-2 所示.

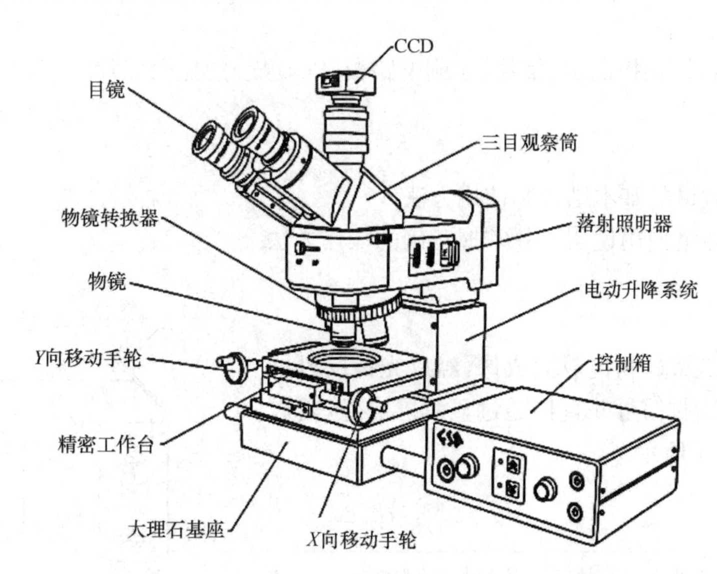

图 5-2-2　FM-JX 200 型透反射高清金相显微镜外形结构图

【实验内容与步骤】

实验室提供 FM-JX 200 透反射高清金相显微镜的使用说明书. 仔细阅读说明书，并对照显微镜实物，学习如何使用显微镜.

(1) 观察显微镜的构造，了解各部件的作用，并画出显微镜的几何光学原理示意图.

(2) 装好显微镜的物镜、目镜，调好光阑，对样品进行观察、测量.

(3) 换上不同放大倍数的物镜，重复观察、测量，并作比较.

(4) 若配有 CCD 和电脑，打开 CCD 软件，重新调焦清楚后，完成样品显微组织图的采集，并记录相关数据. 换上不同放大倍数的物镜，重复显微组织图的采集和数据记录.

【数据记录与处理】

(1) 画出显微镜的几何光学原理示意图.

(2) 简要写出金相显微镜的主要操作步骤.

(3) 按教师要求完成样品显微组织图的采集，并记录相关数据.

自 学 提 纲

1. 简述显微镜的几何光学原理.
2. 金相显微镜主要由哪些部分组成?
3. 使用金相显微镜观察试样应注意什么?

5.3　显 微 摄 影

视频显微镜也称数码显微镜，它将显微镜观察到的实物图像通过数模转换，使其成像在显微镜自带的屏幕上或计算机上. 视频显微镜将光学显微镜技术、光电转换技术、液晶屏幕技术完美地结合在一起，利用全高清显示屏替代光学目镜，将显微图像高清显示于液晶屏幕上. 我们可以对微观领域的研究从传统普通的双眼观察到通过显示器上再现，从而提高工作效率.

视频显微镜具有拍照、录像、测量功能，可U盘存储，图像输出，广泛应用于微电子、粉末冶金、珠宝、模具、精密机械、钟表、饰品、指纹鉴定、票证识伪等领域，还可观察微生物、昆虫、植物等，可方便应用于科普教学活动、课堂演示活动中.

本实验用视频显微镜拍摄昆虫、植物、印刷电路板(PCB板)的显微照片.

【实验目的】

(1) 熟悉视频显微镜的基本结构和使用方法.

(2) 仔细阅读显微镜使用说明书并掌握正确的操作方法.

【实验原理】

物体通过视频显微镜的物镜放大成像，经反光镜反射进入适配器后，由CCD接收信号并直接通过显示屏成像，其成像系统结构如图5-3-1所示.

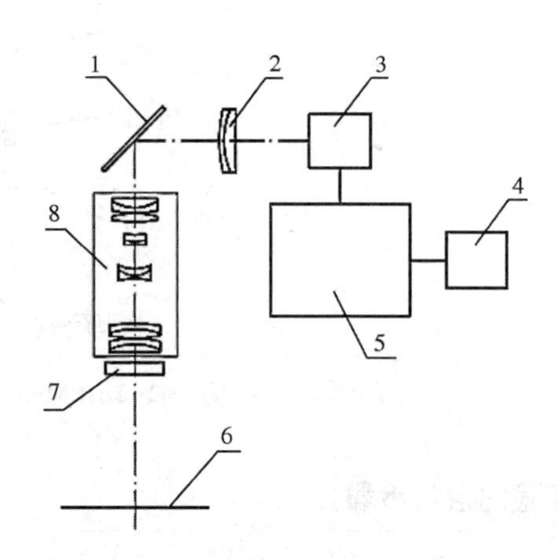

1—反光镜；2—适配镜；3—CCD；4—测量软件；5—显示屏；6—物面；7—LED光源；8—变倍物镜

图5-3-1 视频显微镜的成像系统结构图

【实验器材】

FM-HRV-200型视频显微镜及配件，生物(昆虫、植物)标本、PCB板.

FM-HRV-200型视频显微镜的外形结构如图5-3-2所示.

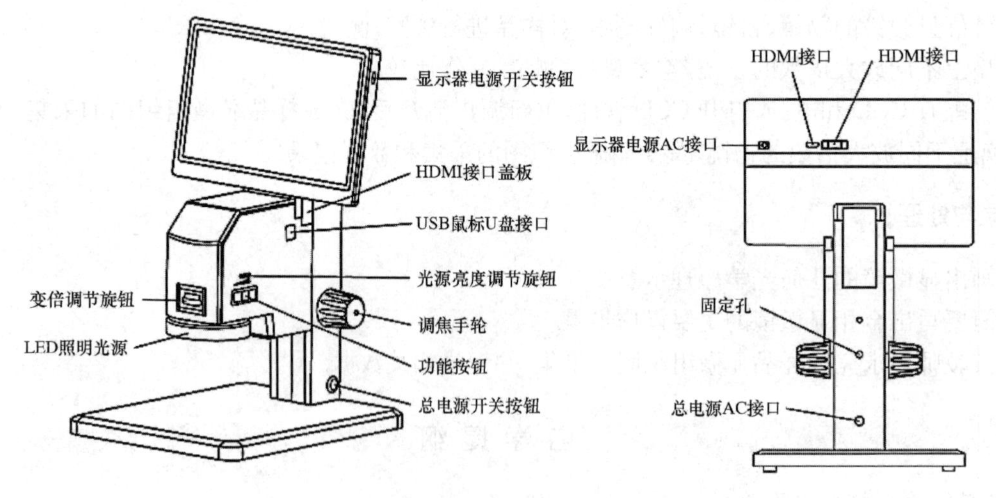

图5-3-2 FM-HRV-200型视频显微镜的外形结构图

【实验内容与步骤】

实验室提供FM-HRV-200型视频显微镜的使用说明书. 仔细阅读说明书，并对照显微镜实物，学习如何使用显微镜.

(1) 观察显微镜的构造，了解各部件的作用.

(2) 分别拍摄昆虫、植物、印刷电路板(PCB板)的显微照片.

【数据记录与处理】

（1）简要写出视频显微镜的主要操作步骤.

（2）存储你所拍摄的昆虫、植物、印刷电路板（PCB板）的显微照片，供教师检查.

自学提纲

1. 与传统显微镜相比，视频显微镜有何优点？
2. 视频显微镜有哪些应用？
3. 简述视频显微镜的主要组成部分.
4. 使用视频显微镜应注意什么？

5.4　物体表面形貌的纳米级观测

1986年第一台原子力显微镜（Atomic Force Microscope, AFM）诞生. 原子力显微镜利用微悬臂感受并放大悬臂上尖细探针与受测样品之间的原子作用力，从而达到检测目的，具有原子级的分辨率. AFM不需要对样品进行前期处理，在大气条件下可以测到样品表面的三维形貌图，并可对扫描所得到的三维形貌图像进行粗糙度、高度、颗粒度的计算和分析. 在电化学、生物医学、材料科学等领域，AFM是必备的测试仪器.

本实验用原子力显微镜观察和测量样品表面的纳米级微观形貌，样品可选名片纸、DVD光盘、玻璃、光栅、金属片、半导体片和生物体表层等.

【实验目的】

（1）了解原子力显微镜的基本结构和基本工作原理.

（2）了解原子力显微镜的光路调节原理和方法.

（3）熟悉用原子力显微镜进行表面观测的方法.

（4）仔细阅读显微镜使用说明书并掌握正确的操作方法.

【实验原理】

1. 原子力显微镜的工作原理

原子力显微镜是继扫描隧道显微镜（Scanning Tunneling Microscope, STM）之后发明的一种具有纳米级高分辨率的新型仪器，它可以在大气和液体环境下探测样品表面的三维形貌图，是国际上近年发展起来的表面分析仪器，是综合运用光电子技术、激光技术、微弱信号检测技术、精密机械设计和加工技术、自动控制技术、数字信号处理技术、应用光学技术、计算机高速采集和控制技术及高分辨率图形处理技术等现代科技成果的光、机、电一体化的高科技产品.

原子力显微镜是利用原子间的相互作用力来观察物体表面微观形貌的. 在样品扫描的过程中，激光束聚焦在微悬臂探针背面，并从微悬臂背面反射到位置检测器上. 当承载样品的压电扫描器在针尖下方运动时，由于样品表面的原子与微悬臂探针尖端的原子之间发生了相互作用，微悬臂将随样品表面形貌而弯曲起伏，反射光束也将随之偏移. 位置检测器通过检测激光光斑位置的变化，就可以获得微悬臂的偏转状态，信号反馈电路可把探测到的微悬臂偏移量信号转换成图像信号，通过计算机输出到屏幕上，同时根据微悬臂的偏移量控制压电扫描器的运动（图5-4-1）.

在系统扫描成像的全过程中，探针和被测样品间的距离始终保持在纳米（10^{-9} m）量级，距离太大则不能获得样品表面的信息，距离太小会损伤探针和被测样品. 原子与原子之间的作用力与它们之间的距离有关，如图 5-4-2 所示. 同样，针尖与样品之间的作用力大小也与它们之间的距离有关，如图 5-4-3 所示.

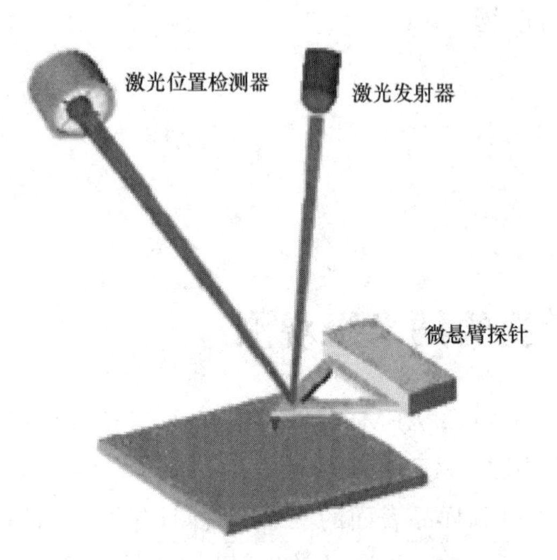

图 5-4-1 AFM 工作示意图

图 5-4-2 原子与原子之间的作用力与它们之间的距离有关

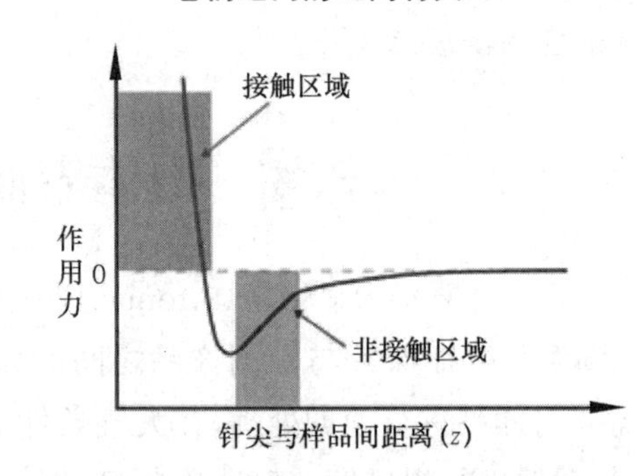

图 5-4-3 针尖与样品间作用力

图 5-4-3 标出了两个区域，分别为接触区域、非接触区域. 理想实验条件下，在针尖趋近样品的过程中，当针尖和样品的距离接近于几纳米的时候，原子之间的范德瓦尔斯力就作用于针尖，开始时表现为吸引力；当原子之间的距离缩小到零点几纳米的时候，它们之间的作用力开始变为排斥力；当针尖到样品表面的距离在整个区域反复变化时，两者之间的作用力在吸引力和排斥力之间反复变化. 根据以上三种情况，可以用相应的三种方式对样品进行扫描. 分别介绍如下：

（1）接触式扫描.

接触模式也称为排斥力模式，此模式下针尖和样品之间的距离对应图 5-4-3 中的“接触区域”. 接触区域内相互作用力曲线的斜率非常大，这意味着只要针尖与样品的距离发生一个极微小的变化，就会造成相应的作用力显著变化，因此这种扫描模式灵敏度很高，扫描出来的图像分辨率也很高. 但是，当悬臂的材料非常硬时，此扫描模式容易造成样品表面发生形变.

（2）非接触式扫描.

非接触模式应用的是一种振动悬臂技术，此模式下针尖与样品之间的距离对应图 5-4-3 中的“非接触区域”. 这种扫描模式下，针尖和样品之间的力很小，一般只有 10^{-12} N，这对于研究软体或弹性样品是非常有利的. 但是，由于针尖和样品间的作用力太弱，因此此种模式下的反馈信号很弱，扫描出来的图像分辨率较接触模式有所下降. 但在该扫描模式下进行扫描不会造成样品表面发生形变.

（3）轻敲式扫描.

轻敲模式是介于接触模式和非接触模式之间的成像技术. 在扫描过程中，探针在样品表面上以接近微悬臂固有频率振动，振荡的针尖交替地与样品表面接触和抬高，这种交替通常达到每秒钟上万次. 由于针尖同样品接触，扫描分辨率通常几乎和接触模式一样好，又由于接触是非常短暂的，因此由横向的剪切力引起的对样品的破坏几乎完全消失，克服了常规接触式扫描模式的局限性. 当振荡的针尖接近样品表面时，它会受到样品表面的相互作用力而与样品表面进行短暂的接触. 这时由于微悬臂受到针尖和样品之间相互作用力的阻尼作用，其振幅将减少，反馈系统根据激光位置检测器检测到这个振幅，通过调整针尖和样品之间的距离来控制微悬臂振幅，使针尖作用在样品上的力恒定，从而得到样品的表面形貌. 轻敲模式下 AFM 针尖和样品间的作用力通常为 10^{-12}～10^{-8} N. 它可以对相对柔软、易脆和粘附性较强的样品成像,并且不会对样品表面产生破坏.经过反复的实验和测试,轻敲模式 AFM 通过使用不同型号的针尖,可以在常温常压下适用于绝大多数样品的测试.

本实验采用轻敲式扫描模式.

2. 原子力显微镜的硬件架构

在硬件架构上,原子力显微镜可分为三个系统:力检测系统、位置检测系统、反馈系统,如图 5-4-4 所示.

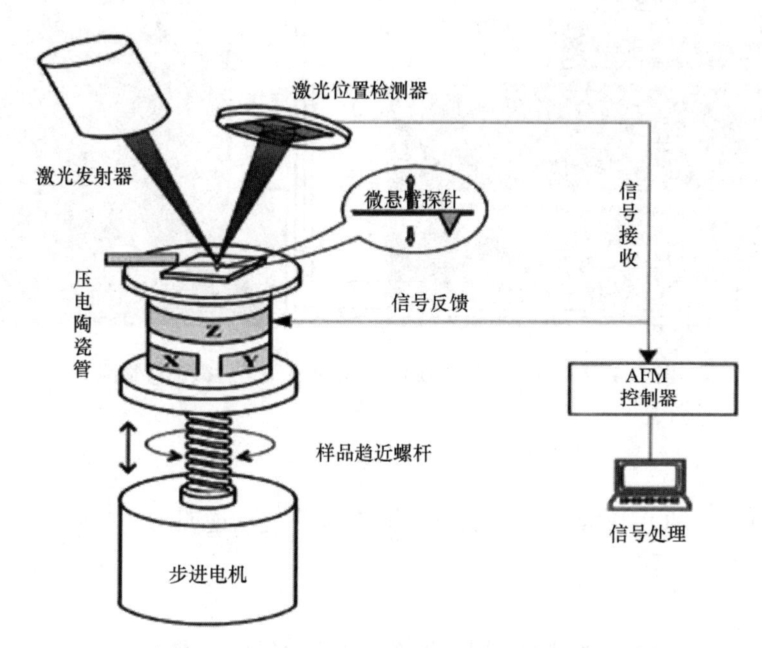

图 5-4-4 原子力显微镜硬件架构示意图

(1) 力检测系统.

力检测系统检测的是原子与原子之间的范德瓦尔斯力.本系统使用微悬臂探针来检测原子之间力的变化量.微悬臂有一定的规格,例如长度、宽度、弹性系数以及针尖的形状.依照样品的特性,以及操作模式的不同来选择不同类型的探针.

(2) 位置检测系统.

当针尖与样品之间有了相互作用之后,微悬臂会发生摆动,所以当激光照射在微悬臂的末端时,其反射光的位置也会因微悬臂摆动而有所改变,从而造成反馈信号的偏移.整个系统依靠激光位置检测器将反馈信号的偏移量记录下来并转换成电子信号,以供 AFM 控制器作信号处理.

(3) 反馈系统.

激光光束经由激光位置检测器取入之后,在反馈系统中会将此光束当作反馈信号,作为内部的调整信号,并驱使通常由压电陶瓷管制作而成的扫描器做适当的移动,以使样品与针尖保持作用力的恒定.

原子力显微镜便是结合以上三个系统将样品的表面特性呈现出来的.

【实验器材】

FM-NANOVIEW 1000 型原子力显微镜、轻敲探针、样品、弯头镊子、WSxM 图像处理及分析系统.

原装进口的原子力显微镜价格昂贵,不适合用于学生实验.本实验用的 FM-NANOVIEW 1000 型原子力显微镜是国内厂家自主研发的产品,是目前性价比最高的原子力显微镜之一.图 5-4-5 是 FM-NANOVIEW 1000 型原子力显微镜实物图,主要由三部分组成:控制器、扫描主机、电脑扫描软件.

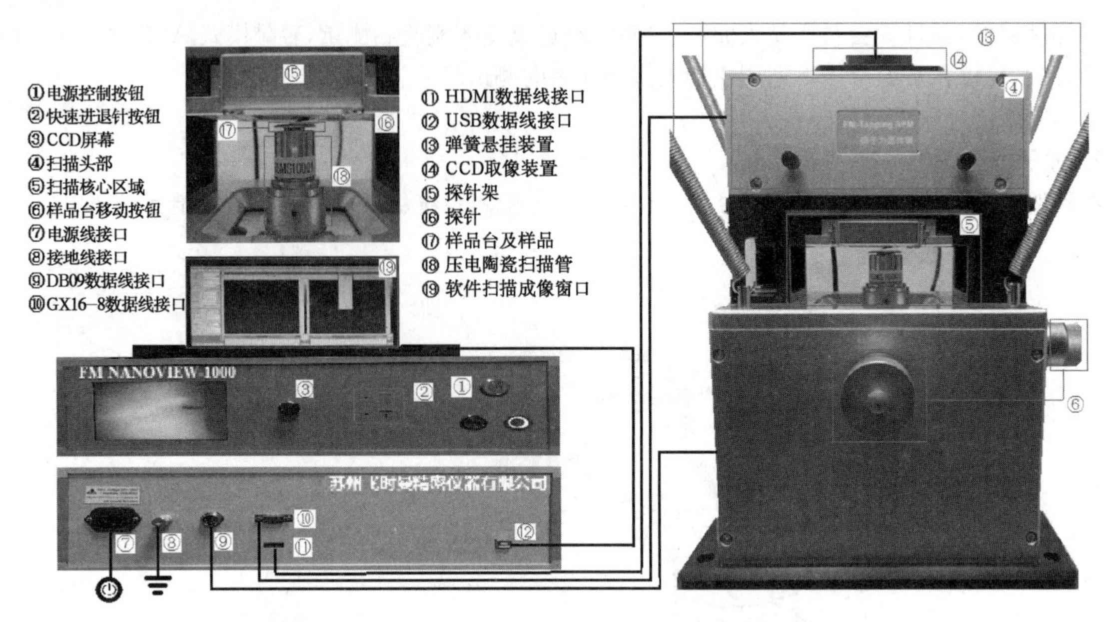

图 5-4-5　FM-NANOVIEW 1000 型原子力显微镜实物图

【实验内容与步骤】

实验室提供 FM-NANOVIEW 1000 型原子力显微镜的使用说明书，仔细阅读说明书，并对照显微镜实物，学习如何使用显微镜.

1. 光栅形貌观测

在样品台上置入被测光栅，光栅表面朝上. 按照原子力显微镜的使用方法，在屏幕上显示高度形貌扫描图，扫描范围为 20 μm×20 μm，保存形貌图，并用处理软件测量光栅常数，呈现光栅的三维图像.

2. DVD 表面形貌观测

在样品台上置入被测 DVD，DVD 正面朝上. 按照原子力显微镜的使用方法，在屏幕上显示高度形貌扫描图，扫描范围为 10 μm×10 μm，保存形貌图，并用处理软件测量 DVD 数据填充带之间的间隔距离，呈现 DVD 的三维图像.

3. 玻璃表面形貌观测

在样品台上置入被测玻璃，玻璃表面朝上. 按照原子力显微镜的使用方法，在屏幕上显示高度形貌扫描图，扫描范围为 5 μm×5 μm，保存形貌图，并用处理软件测量玻璃的表面粗糙度，呈现玻璃表面的三维图像.

【数据记录与处理】

保存样品形貌图，供教师检查；比较大区域扫描和小区域扫描时所获得的图像差别；对扫描所获得的图像进行分析，比较不同样品的粗糙度差别，并作相关测量.

自 学 提 纲

1. 简述原子力显微镜的工作原理.
2. 原子力显微镜有哪些应用?
3. 与传统的光学显微镜、电子显微镜相比，原子力显微镜有什么优点?
4. 原子力显微镜有哪三种扫描模式?
5. 原子力显微镜主要由哪几部分组成?
6. 实验开始时如何搜索共振峰?
7. 哪些因素会影响扫描所获得的图像结果? 如何减少这些外在因素的影响?

附　录

附录A　大学物理实验报告示例

金属丝杨氏模量的测定

【实验目的】

(1) 掌握用光杠杆装置测量微小长度变化的原理和调节方法.

(2) 学会用拉伸法测量金属丝的杨氏模量.

(3) 学会用逐差法处理数据.

【实验原理】

一根均匀的钢丝(设长度为 L,直径为 d),在受到沿长度方向的外力 F 作用下发生形变,伸长了 ΔL. 根据胡克定律,在弹性限度内,胁强与胁变成正比,即

$$\frac{F}{S}=Y\frac{\Delta L}{L}.$$

又截面积 $S=\frac{1}{4}\pi d^2$,整理后,该钢丝的杨氏模量 Y 由下式表示:

$$Y=\frac{4FL}{\pi d^2 \Delta L}. \tag{A-1}$$

式中,ΔL 是一个微小的长度变化量,很难用普通测量长度的仪器测准确. 本实验中,用光杠杆装置进行放大测量. 光杠杆放大原理如图 A-1 所示.

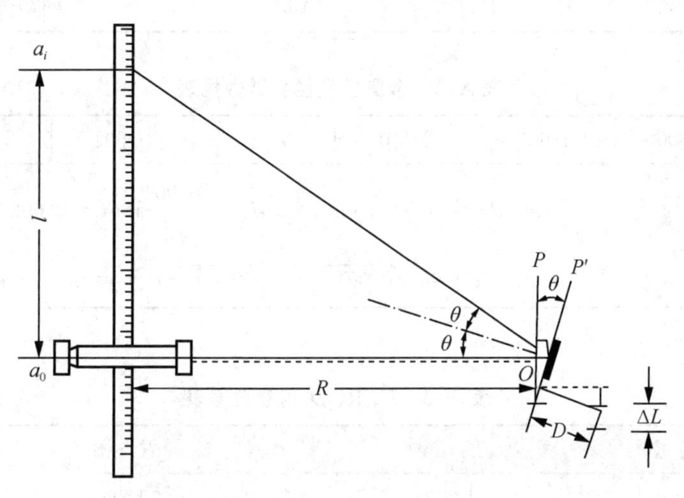

图 A-1　光杠杆原理图

由图 A-1 中的几何关系,可近似地有

$$\Delta L=\frac{D}{2R}l. \tag{A-2}$$

将式(A-2)代入式(A-1),得

$$Y=\frac{8FLR}{\pi d^2 Dl}. \tag{A-3}$$

这就是本实验用来测定杨氏弹性模量的原理公式.式中,Y 为钢丝的杨氏弹性模量($N\cdot m^{-2}$);F 为作用在钢丝轴向上的外力(N);L 为钢丝的原长(m);R 为镜面至标尺的距离(m);d 为钢丝的直径(m);D 为光杠杆常数(光杠杆后足尖至两前足尖连线的垂直距离)(m);l 为挂重物前后标尺读数的差值(m).

【实验仪器】

杨氏模量仪、望远镜及标尺、螺旋测微计、直尺、卷尺、砝码等.

【数据记录与处理】

1. 用逐差法处理数据

(1) 将数据填入相应的表格中(表 A-1,表 A-2,表 A-3),并用逐差法计算 l.

表 A-1　标尺读数测量数据表

负　重 F/kg	增重时读数 a'/mm	减重时读数 a''/mm	平均值 a/mm	每增加 4 kg 时标尺读数的差值 $l=\lvert a_{i+4}-a_i\rvert$/mm
0	−48.5	−51.5	−50.0	35.8
1.000	−41.7	−41.2	−41.4	35.8
2.000	−34.3	−33.0	−33.7	36.8
3.000	−23.9	−24.5	−24.2	37.2
4.000	−14.2	−14.3	−14.2	平均值 $\bar{l}=36.4$ mm 不确定度　$u_A(l)=0.36$ mm $u_B(l)=\frac{0.5}{\sqrt{3}}$ mm $=0.29$ mm $u(l)=0.46$ mm
5.000	−4.5	−6.7	−5.6	
6.000	2.7	3.5	3.1	
7.000	13.0	13.0	13.0	

表 A-2　金属丝直径测量数据表

直径 d/mm	0.600	0.608	0.601	0.598	0.601	平均值 $d=0.6016$ mm
不确定度 $u(d)$/mm	$u_A(d)=0.0017$ mm, $u_B(d)=\frac{0.004}{\sqrt{3}}$ mm $=0.0023$ mm $u(d)=\sqrt{0.0017^2+0.0023^2}$ mm $=0.0029$ mm					

注:量具:螺旋测微计,$\Delta_{仪}=0.004$ mm.

表 A-3　L, R, D 测量数据表

项目	L/mm	R/mm	D/mm
测量值	1023	1850	71.5
不确定度	2	2	0.3

注:L, R, D 都是单次测量,且标志线位置较难确定,对应的不确定度值由实验室给出.

(2) 计算杨氏模量 Y.

$$Y=\frac{8FLR}{\pi d^2 Dl}=\frac{8\times 4.000\times 9.794\times 1.023\times 1.850}{\pi(0.6016\times 10^{-3})^2\times 71.5\times 10^{-3}\times 36.4\times 10^{-3}}$$
$$\approx 2.004\times 10^{11}(\mathrm{N\cdot m^{-2}}).$$

(3) 计算杨氏模量的不确定度.

$$u(Y)=Y\cdot\sqrt{\left[\frac{u(L)}{L}\right]^2+\left[\frac{u(R)}{R}\right]^2+2^2\left[\frac{u(d)}{\bar{d}}\right]^2+\left[\frac{u(D)}{D}\right]^2+\left[\frac{u(l)}{\bar{l}}\right]^2}$$
$$=2.004\times 10^{11}\times\sqrt{\left(\frac{2}{1023}\right)^2+\left(\frac{2}{1850}\right)^2+4\times\left(\frac{0.0029}{0.6016}\right)^2+\left(\frac{0.3}{71.5}\right)^2+\left(\frac{0.46}{36.40}\right)^2}$$
$$\approx 0.034\times 10^{11}(\mathrm{N\cdot m^{-2}}).$$

杨氏模量的测量结果为

$$Y=Y\pm u(Y)=(2.00\pm 0.04)\times 10^{11}\ \mathrm{N\cdot m^{-2}}\quad (P\approx 68.3\%).$$

2. 用作图法处理数据

式(A-3)可改写为

$$l=\frac{8LR}{\pi d^2 DY}\cdot F=KF. \tag{A-4}$$

式中,$K=\dfrac{8LR}{\pi d^2 DY}$. 若作 l-F 图线,且为直线,求出斜率 K,就可得

$$Y=\frac{8LR}{\pi d^2 DK}. \tag{A-5}$$

由表 A-1 可列出表 A-4:

表 A-4 l-F 关系表

$F/(\times 9.794\ \mathrm{N})$	0.000	1.000	2.000	3.000	4.000	5.000	6.000	7.000
$l=a_i-a_0/(\times 10^{-3}\ \mathrm{m})$	0.0	8.6	16.3	25.8	35.8	44.4	53.1	63.0

以 F 为横轴,l 为纵轴,作 l-F 图线,见图 A-2.

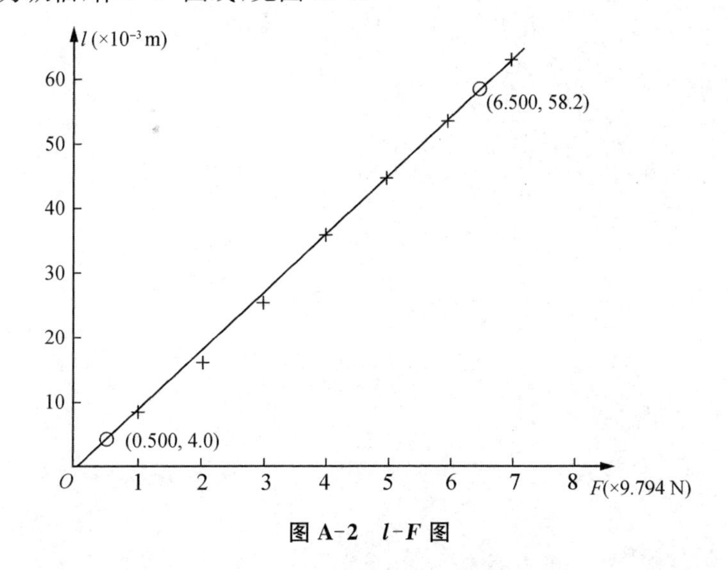

图 A-2 l-F 图

由图线得到斜率

$$K=\frac{(58.2-4.0)\times10^{-3}}{(6.500-0.500)\times9.794}\approx9.22\times10^{-4}(\text{m/N}).$$

代入式(A-5),得

$$Y=\frac{8\times1.023\times1.850}{\pi(0.6016\times10^{-3})^2\times71.5\times10^{-3}\times9.22\times10^{-4}}\approx2.02\times10^{11}(\text{N/m}^2).$$

【讨论】

(略)

注:讨论内容一般不受限制,可以对实验现象进行评述,对结论和误差原因进行分析,也可以对实验提出改进意见.

附录 B　惠斯通电桥的工作原理和使用方法

电桥是常用的电阻测量仪器，它具有测试灵敏、精确和方便等特点. 电桥分直流电桥和交流电桥. 直流电桥又分单臂电桥和双臂电桥，单臂电桥称惠斯通电桥，主要用于测量中值电阻($10\sim10^6\ \Omega$)，是最基本的一种电桥.

电桥电路在生产和科研中得到广泛的应用，特别是随着计算机技术的发展，需要各种不同形式的传感器，电桥在其中发挥了重要作用. 在桥路中使用不同器件(如热敏元件、应变片、电容等)后，就可将温度、位移、形变等非电量转化为电学量来进行测量.

1. 惠斯通电桥的工作原理

要测量未知电阻 R_x，可用伏安法，即测出流过该电阻的电流 I 和它两端的电压 U，利用欧姆定律得出 R_x 值. 但是，用这种方法测量，由于电表内阻的影响，不能同时测得准确的 I 和 U 值，即有系统误差存在. 如图 B-1 所示的电桥电路即可解决这一问题. 其基本组成部分是：桥臂——四个电阻 R_1，R_2，R_0 和 R_x)；"桥"——平衡指示器(检流计 G)以及工作电源(E).

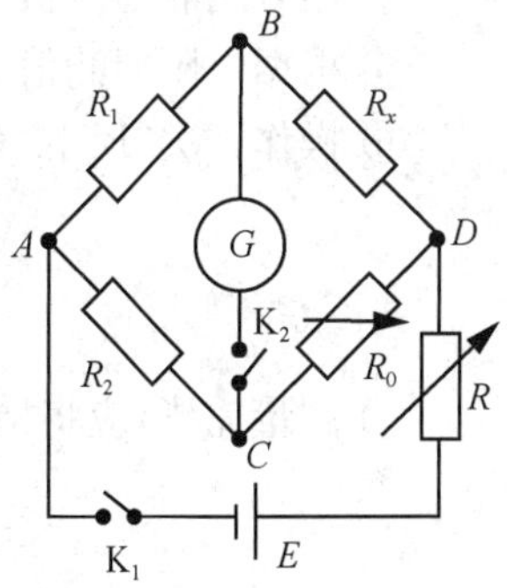

图 B-1　电桥原理图

惠斯通电桥是直流平衡电桥. 调整电阻 R_0，恰好使 B，C 两点的电位相等，则检流计 G 中无电流流过，检流计指针指零，称为电桥平衡. 此时，

$$U_{AB}=U_{AC},\ U_{BD}=U_{CD}.$$

设通过 R_1，R_x 的电流为 I_1，通过 R_2，R_0 的电流为 I_2，则有

$$I_1R_1=I_2R_2,$$
$$I_1R_x=I_2R_0,$$

得待测电阻

$$R_x=\frac{R_1}{R_2}R_0. \tag{B-1}$$

在电桥中，通常称 R_x 为待测臂，R_0 为比较臂，R_1 和 R_2 为比例臂，$\frac{R_1}{R_2}$为倍率.

利用电桥测量电阻的过程，就是调节倍率$\frac{R_1}{R_2}$和比较臂 R_0 的过程. 因此，电桥测电阻的误差来源于电桥内部的电阻 R_1，R_2 和 R_0 的精确度，只要 R_1，R_2 和 R_0 的精度足够，就可实现电阻的精确测量.

2. 惠斯通电桥的使用方法

(1) 面板结构.

QJ23A 型直流电阻电桥面板见图 B-2.

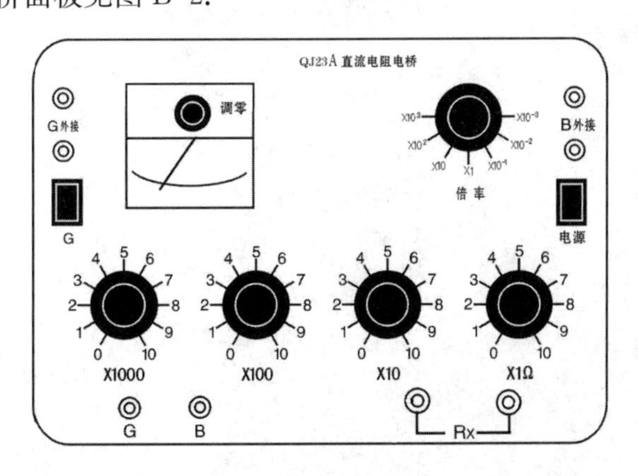

图 B-2　QJ23A 型直流电阻电桥面板

倍率分为0.001,0.01,0.1,1,10,100,1 000七档,R_0为有4个步进盘的电阻箱,被测电阻R_x由接线柱接入.检流计左侧是外接更高灵敏度检流计的接线柱G,由接线柱G下方的开关选择.电源通常装在箱内,也可通过右边的接线柱B接入,由接线柱B下方的开关进行选择.按钮“B”和“G”分别是电源接通和检流计接通按钮开关.

(2) 使用方法.

① 将检流计的选择开关拨到“内接”.

② 调节检流计上的调零旋钮使检流计指针指零.

③ 接好电桥的电源(外接直流电源),使工作电压在指定值附近.

④ 用万用表粗测被测电阻的阻值,并把被测电阻接在相应的接线柱上.

⑤ 根据电阻粗测值,正确选择倍率与比较臂的4个步进盘.

⑥ 操作开关“B”和“G”,适当调节比较臂,使电桥平衡(检流计指零),则待测电阻为

$$R_x = \frac{R_1}{R_2} R_0.$$

⑦ 测量完毕,应将检流计开关拨到“外接”.

附录 C　电位差计的工作原理和使用方法

电位差计是测量电动势和电位差的电学仪器. 由于它应用了补偿原理和比较测量法,因此测量精度较高,使用方便. 它还可以与其他仪器配合(如通过换能器)把一些非电学量(如温度等)转化为电学量进行测量. 在科学研究和工程技术中,广泛使用电位差计进行自动控制和自动检测.

1. 电位差计的工作原理

我们知道,用伏特表并联在电池两端,伏特表测得的是电路的路端电压,而不是电池的电动势. 引起误差的根本原因在于电池中有电流流过,产生电压降. 要消除这个误差,就要求电池中无电流. 但是,没有电流流过,伏特表就没有读数,所以,要测量电池电动势,就要另行设计合适的测量电路.

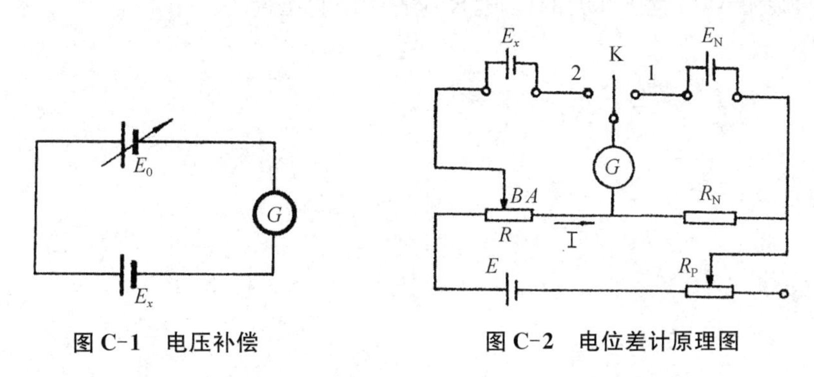

图 C-1　电压补偿　　　**图 C-2　电位差计原理图**

图 C-1 中, E_x 是被测电动势的电源,E_0 是电动势可调的标准电源. 调节 E_0 使检流计指针指零,此时,回路中的两个电源 E_0 与 E_x 的电动势大小相等,方向相反,数值上有

$$E_x = E_0.$$

这时,称电路达到电压补偿. 若 E_0 可准确知道,则 E_x 即可测得.

电位差计是一种利用电压补偿原理测量电源电动势或精确测量电位差的仪器. 它的原理线路如图 C-2 所示,共有三个回路,下半部分(ERR_NR_PE)为辅助回路,调节 R_P 能改变回路中工作电流 I 的大小. 上半部分有左右两个补偿回路,右边为标准电动势补偿回路($E_NR_NGE_N$),左边为待测电动势补偿回路(E_xRGE_x).

(1) 工作电流标准化.

将 K 合到位置"1"上,调节 R_P,使检流计 G 指零,则回路($E_NR_NGE_N$)达到补偿,此时,有 $E_N = I_0R_N$,可得 $I_0 = \frac{E_N}{R_N}$,这时,达到工作电流标准化.

(2) 未知电动势补偿.

将 K 合到位置"2"上,调节滑动头 B 的位置,使检流计 G 再次指零,则回路(E_xRGE_x)达到补偿,此时,有 $E_x = I_0R_{AB}$,这里,I_0 就是前面标准化的工作电流(想一想:为什么),即

$$E_x = \frac{E_N}{R_N}R_{AB}.$$

对于一定型号的电位差计,标准电池的电动势 E_N,电阻 R_N 都是确定值,所以,待测电动势 E_x 与电阻 R_{AB} 相对应,这样就可以根据 R_{AB} 的值来确定 E_x.

2. UJ-36a 型电位差计

UJ-36a 型电位差计面板如图 C-3 所示,具体使用步骤如下:

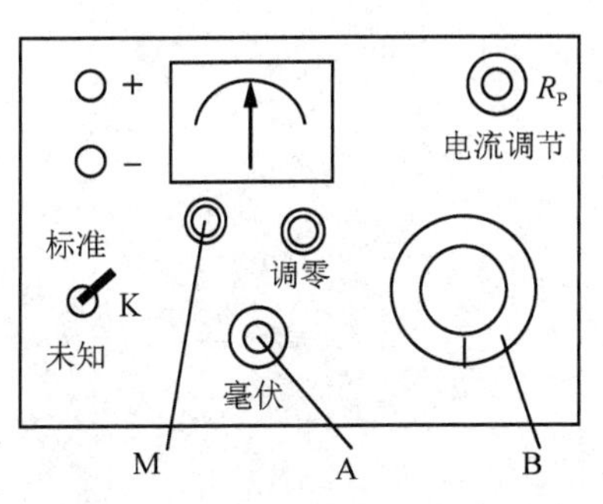

图 C-3　UJ-36a 型电位差计面板图

(1) 校对标准. 按极性装入工作电池(已装入),把旋钮 M 转向

“×1”档，调节“调零”旋钮，使检流计指针指零. 再把 K 扳向“标准”并按住，同时调节多圈电位器 R_P，使检流计指针指零.

(2) 测量电动势. 将热电偶按极性与电位差计相连接，根据被测电动势的估计值将步进盘 A 和滑盘 B 放在适当的位置，然后将 K 扳向“未知”，调节 A 和 B，直至检流计指零. 则

被测电动势＝A 读数＋B 读数(红线指示值).

注意：(1) 为了保证流过检流计的电流不至于太大，应把步进盘 A 和滑盘 B 放在合适位置，否则，检流计容易损坏.

(2) 为了准确测量，每测一次电动势都应按使用方法校对标准.

(3) 测量暂停时，K 应置于中间位置.

(4) 使用完毕，旋钮 M 应置于“断”的位置，K 应置于中间位置.

附录 D 大学物理实验预习报告

大学物理实验预习报告(1)

班级__________ 姓名__________ 学号__________

实验名称：___________________________

1. 简述实验原理.

2. 需要测量哪些物理量？分别用什么仪器测量？

3. 简述实验主要步骤.

4. 实验数据记录(在本页背面列出数据记录表,以备实验时填写).

大学物理实验预习报告(2)

班级__________　　姓名__________　　学号__________

实验名称：____________________________

1. 简述实验原理.

2. 需要测量哪些物理量？分别用什么仪器测量？

3. 简述实验主要步骤.

4. 实验数据记录(在本页背面列出数据记录表,以备实验时填写).

大学物理实验预习报告(3)

班级__________ 姓名__________ 学号__________

实验名称：__________________________

1. 简述实验原理.

2. 需要测量哪些物理量？分别用什么仪器测量？

3. 简述实验主要步骤.

4. 实验数据记录(在本页背面列出数据记录表，以备实验时填写).

大学物理实验预习报告(4)

班级__________　　姓名__________　　学号__________

实验名称：__________________________

1. 简述实验原理.

2. 需要测量哪些物理量？分别用什么仪器测量？

3. 简述实验主要步骤.

4. 实验数据记录(在本页背面列出数据记录表，以备实验时填写).

大学物理实验预习报告(5)

班级＿＿＿＿＿＿　　姓名＿＿＿＿＿＿　　学号＿＿＿＿＿＿

实验名称：＿＿＿＿＿＿＿＿＿＿＿＿＿＿

1. 简述实验原理.

2. 需要测量哪些物理量？分别用什么仪器测量？

3. 简述实验主要步骤.

4. 实验数据记录(在本页背面列出数据记录表,以备实验时填写).

大学物理实验预习报告(6)

班级________ 姓名________ 学号________

实验名称：______________________

1. 简述实验原理.

2. 需要测量哪些物理量？分别用什么仪器测量？

3. 简述实验主要步骤.

4. 实验数据记录(在本页背面列出数据记录表，以备实验时填写).

大学物理实验预习报告(7)

班级＿＿＿＿＿　　姓名＿＿＿＿＿　　学号＿＿＿＿＿

实验名称：＿＿＿＿＿＿＿＿＿＿＿＿＿

1. 简述实验原理.

2. 需要测量哪些物理量？分别用什么仪器测量？

3. 简述实验主要步骤.

4. 实验数据记录(在本页背面列出数据记录表，以备实验时填写).

大学物理实验预习报告(8)

班级________ 姓名________ 学号________

实验名称：______________________

1. 简述实验原理.

2. 需要测量哪些物理量？分别用什么仪器测量？

3. 简述实验主要步骤.

4. 实验数据记录(在本页背面列出数据记录表,以备实验时填写).

附录 E　毫米坐标纸

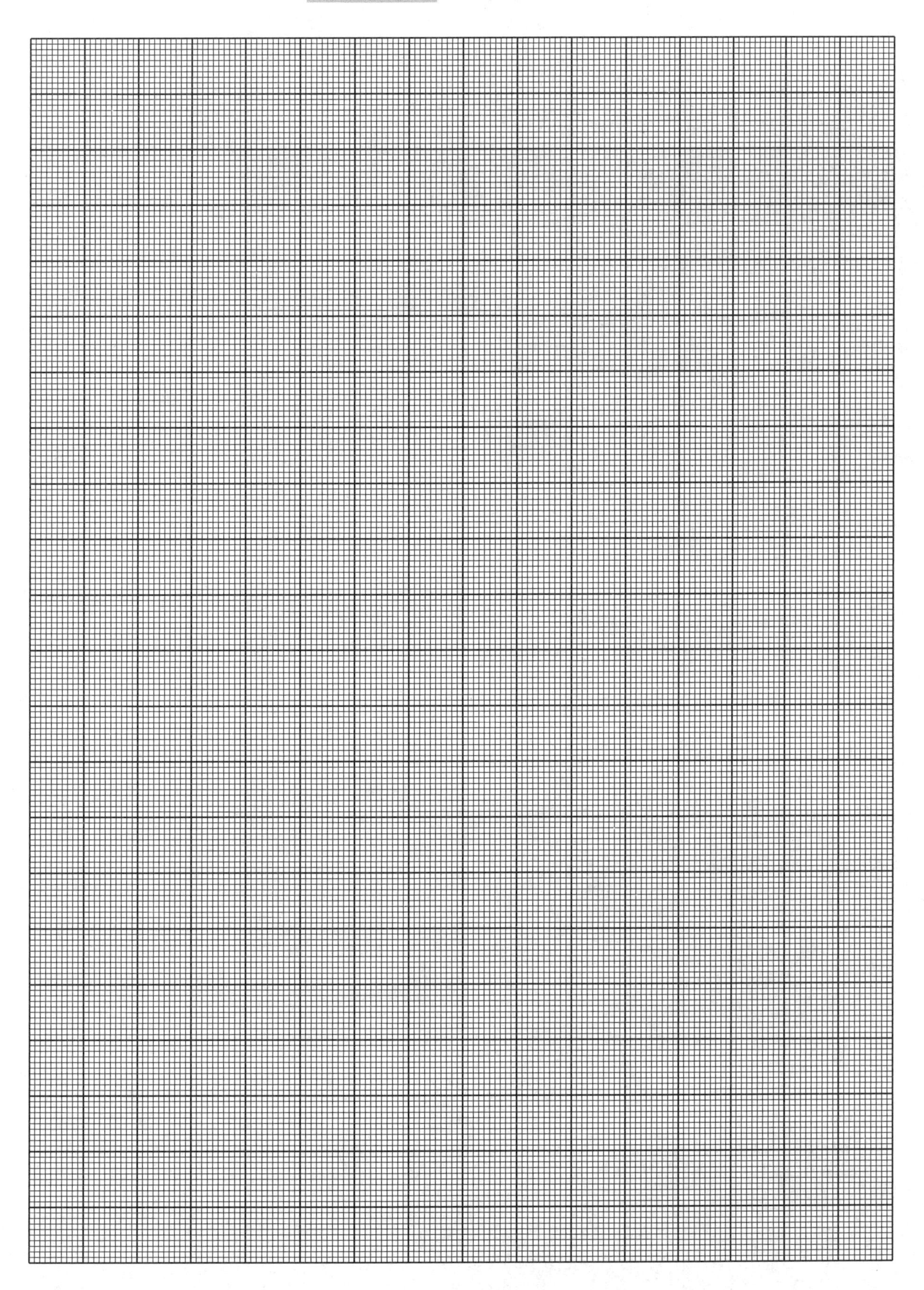

图书在版编目(CIP)数据

大学物理实验:第二版 / 谢银月,周敏雄, 姜萌编著. —上海: 复旦大学出版社, 2023. 7
ISBN 978-7-309-16655-2

Ⅰ. ①大… Ⅱ. ①谢… ②周… ③姜… Ⅲ. ①物理学-实验-高等学校-教材 Ⅳ. ①O4-33

中国版本图书馆 CIP 数据核字(2022)第 237553 号

大学物理实验(第二版)
谢银月　周敏雄　姜　萌　编著
责任编辑/李小敏

复旦大学出版社有限公司出版发行
上海市国权路 579 号　邮编: 200433
网址: fupnet@ fudanpress. com　http://www. fudanpress. com
门市零售: 86-21-65102580　团体订购: 86-21-65104505
出版部电话: 86-21-65642845
上海崇明裕安印刷厂

开本 890×1240　1/16　印张 8. 25　字数 250 千
2023 年 7 月第 1 版第 1 次印刷

ISBN 978-7-309-16655-2/O · 727
定价: 36. 00 元